AF611492

LETTRE CRITIQUE
DE M. DE BARRAS DE LA PENNE,
PREMIER CHEF D'ESCADRE DES GALERES DU ROY,

ECRITE

A M. LE BAILLY DE ***.

A MARSEILLE LE DERNIER DECEMBRE 1725.

AU SUJET D'UN LIVRE INTITULE',

NOUVELLES DECOUVERTES SUR LA GUERRE, &c.

AVEC DES REMARQUES CRITIQUES SUR LES TROIS NOUVEAUX SYSTEMES

DES TRIREMES,

OU VAISSEAUX DE GUERRE DES ANCIENS,

IMPRIMEZ

DANS LES MEMOIRES DE TREVOUX AOUST, SEPTEMBRE, OCTOBRE 1722.

A MARSEILLE,

Chez JEAN-BAPTISTE BOY, Imprimeur du Roy & de la Ville, & Marchand Libraire près la Loge. 1727.

AVEC APROBATION ET PRIVILEGE.

Divers Memoires sur les Galeres, Presenté a Louis le Grand, le 25. Janvier 1714.
A. LOUIS le Grand. B. le Comte de Pontchartrain. C. le P. Tellier. D. Barras de Lapenne qui explique au Roy l'Ordre de Bataille des 40. Galeres

AU REVEREND PERE **
DE LA COMPAGNIE DE JESUS.

OUS persistez, MON REVEREND PERE, *à vouloir que je permette l'Impression de tous mes Ouvrages; vos raisons sont si fortes & si persuasives, qu'il seroit en verité bien difficile de ne pas s'y rendre, si je n'en avois d'essentielles qui s'opposent à vos souhaits, ausquelles je vous prie de faire un peu d'attention.*

Dois-je donner au Public les Discours, les Cartes & les Desseins que j'ay eu l'honneur de presenter au feu Roy de Glorieuse Memoire? Vous sçavez que j'en ay distribué diverses Copies aux Ministres & aux Generaux; c'est sous leurs ordres que j'ay l'honneur de servir depuis plus de ciquante ans: n'ont-ils pas seuls le droit d'en disposer?

Vous n'ignorez pas d'ailleurs que parmi mes autres Ouvrages, il en est qui tiennent essentiellement à ceux-là, & que quelques-uns ne sont qu'ébauches. Le Dictionnaire Instructif & Critique des termes propres aux Galeres n'est pas achevé, non plus que le Portulan de la Mer Mediterranée, & je ne puis travailler à les finir qu'autant que mon âge, les differens devoirs de mon état & la foiblesse actuelle de ma santé peuvent me le permettre. Quand j'auray fait un Corps aussi complet que je me le suis proposé, il conviendra que j'aye l'honneur de le presenter au Roy, comme le fruit d'une experience acquise toute entiere dans le Service. Ce sera à SA MAJESTÉ *& à ses Ministres de decider de son sort.*

Mais, direz-vous, le tems fait son chemin; les nouveaux Systemes se multiplient & se fortifient dans la créance des Peuples; la haute reputation des Sçavans qui les enfantent, semble les autoriser; les beaux esprits tachent d'encherir sur ces Oracles de la Theorie; les Journaux se remplissent de leurs magnifiques idées, & il n'est pas jusques au Mercure où l'on ne lise le triomphe de quelques donneurs de Systemes qui essayent de se signaler en cette Lice, dans laquelle ils se laissent conduire par le plaisir enchanteur d'espadoner seuls & avec autant de securité que faisoit, près du Mont Toboso, ce Heros antique si connu sous le nom du Chevalier errant. En un mot, la verité gemissante & oprimée sous le poids de l'erreur, semble n'avoir plus de voix que pour se plaindre de n'être pas deffenduë. Il est juste, mon Reverend Pere, que sur ce grief particulier, qui doit interesser tout le monde, je vous donne quelque satisfaction, dont je vous prie de vous contenter.

Je conviens avec vous que les Marins ne doivent pas permettre que des étrangers, quelques foibles & mal aguerris qu'ils soient, osent faire si souvent des courses dans leur Empire; il est bon que quelqu'un s'opose à leur Piraterie: la consideration de leur foiblesse ne doit pas être une raison suffisante pour mépriser absolument leur insulte. Il est vray que leurs courses ne peuvent porter aucun préjudice aux Galeres, ni aux personnes qui sont de Profession à devoir les connoître; mais ceux qui n'ont pas cet avantage font le plus grand nombre: je comprends qu'il est bon de les garantir de surprise, & de les deffendre contre la seduction. Cependant je ne pense pas qu'il soit pour cela necessaire de faire un gros Armement; on peut avec moins de force détruire ces foibles Pirates. Croyez-moy, une seule Galere suffira pour chasser de nos Mers tous ceux qui les infestent depuis quelques années.

C'est dans cette confiance, mon Reverend Pere, & pour satisfaire en partie à vôtre empressement, que je vous livre ma derniere Lettre Critique sur les Triremes, *avec un plein pouvoir d'en faire tel usage que vous jugerez à propos. Je suis toûjours avec un tendre & très-sincere attachement, vôtre, &c.*

DE BARRAS DE LAPENNE.

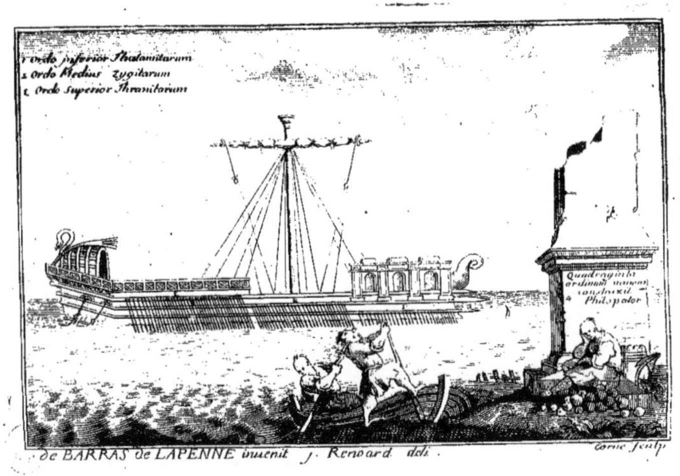

de BARRAS de LAPENNE inuenit j. Renoard deli.

A M. LE BAILLY DE ***.

UAND vous ne m'auriez pas, MON CHER BAILLY, demandé ce que je pense du Livre intitulé, Nouvelles Découvertes sur la Guerre par Mr. le Chevalier de Folard, le seul Extrait que j'avois vû de cet Ouvrage dans les Memoires de Trevoux, m'y auroit déterminé. Je n'avois point alors oüi parler de l'Auteur ni du Livre : le Journaliste m'a fait connoître l'un & l'autre. Je fus frapé des fines & vives railleries répanduës dans son Extrait : j'avois de la peine à me persuader qu'un Officier eût donné tant de prise à la Critique, dans un Ouvrage de sa Profession. Quelques opinions particulieres du Journaliste, contraires à mes propres sentimens, me donnerent quelque défiance touchant la Critique generale du Livre ; je pris le party de le lire : j'avouë que sa lecture contribua beaucoup à faire cesser ma surprise.

Je trouvay la Critique juste & judicieuse : j'admiray la politesse du Journaliste; le tour agreable & les fines railleries dont il se sert pour faire sentir les divers deffauts de l'Ouvrage. Je ne sçaurois pourtant convenir qu'on puisse réüssir dans la Guerre *par la Speculation sans pratique*; ni que *la Science du Cabinet, & la lecture de l'Histoire puissent procurer la pratique de la Guerre* à quelque genie que ce soit.

Je ne sçaurois non plus souscrire à la raillerie du Journaliste, sur ce que Mr. de F. avertit le Public *que la connoissance du Métier suplée à l'ignorance de la Langue*, parce que vous sçavez, mon cher B. que j'ay eu depuis fort long-tems la même pensée, dont vous m'avez asseuré que j'avois démontré la solidité en divers endroits de mes Memoires.

Je ne conviens pas non plus, avec le Journaliste, que Mr. de F. *semble prétendre que pour exceller dans la Science, il faut exceller dans le Métier.* Il est vray qu'il prouve luy-même cette verité en cent endroits de son Ouvrage; mais ce n'est point son sentiment, puisqu'il dit formellement dans le Titre du second Chapitre, que *la Guerre est une Science plus speculative qu'experimentale.*

Je conviendray encore moins avec le Journaliste de tout ce qu'il a mis du sien dans les Extraits des sentimens des trois celebres Sçavans sur les *Triremes*, ou Vaisseaux de Guerre des Anciens. Vous n'avez pas vû, sans doute, ces singuliers Systemes; vous n'auriez pas manqué de me demander ce que j'en pense: celuy du P. Languedoc, que vous connoissez, est le premier en datte; jugez des autres. Je pourrois bien, mon cher B. vous en dire quelque chose avant que de finir cette Lettre; le moyen de voir tous les jours de sens froid paroître sur la Scene de nouveaux Sçavans debiter impunement leurs imaginations sur ce qui regarde nôtre Profession, dont ils n'ont que de fausses & de très-absurdes idées. Je reviens aux nouvelles Découvertes sur la Guerre.

Ce qui, sans difficulté, a fait prendre le change au Journaliste touchant le sentiment de Mr. de F. sur la Science speculative, c'est la hauteur peu mesurée de cet Officier, avec laquelle il s'est élevé contre tous les Sçavans, *dont les uns*, dit-il, *sont les échos des autres, & des échos si secs, si steriles & si superficiels, & d'une si triste exactitude dans ce qu'ils repetent, qu'il faut s'armer de toute la vertu de patience pour les entendre. Ces Ecrivains ennuyent & rebutent leurs Lecteurs, même sans être longs.*

Sans avoir recours aux injures, quelque Sçavant n'auroit-il pas droit de faire, avec plus d'équité, une juste aplication de ce que je viens de raporter? Je laisse ce soin aux Lecteurs des nouvelles Découvertes, attaqués & insultés par l'Auteur au commencement de sa Preface, qui debute par ces paroles.

Je suis persuadé que le plus grand nombre de mes Lecteurs n'examinera pas cet Ouvrage avec un esprit pur & exempt des préjugez de la coûtume : je m'attends bien a la contradiction, car la multitude se cabre & prend aisement feu contre les choses nouvelles : l'évidence irrite quelque fois plus que l'erreur.

Ce debut, mon cher B. vous paroît-il fort propre à attirer le suffrage du Public ? Seroit-il surprenant que la multitude prît feu contre un Auteur qui se cabre d'abord luy-même sur l'examen que le Public a droit de faire de tout Ouvrage mis au jour ? Ne pourroit-on point dire du sien que *l'évidence irrite*, que les injures & les contradictions y sont si frequentes, si generales & si claires, qu'il est difficile d'empêcher le Public *de se revolter* ? Il suffit de lire l'Ouvrage dans lequel, de propos deliberé, on revolte des Juges contre le jugement desquels il n'y a point d'appel ; des Juges de toute espece sans exception. Après avoir revolté le plus grand nombre de ses Lecteurs, il insulte tous les Auteurs Dogmatiques ; les Sçavans les plus celebres sont distingués par quelque injure particuliere : il n'a pas moins de mépris pour tous les Gens de Guerre, les anciens Capitaines & les modernes. *Personne*, dit-il, *n'entend la Guerre, parce qu'ils n'ont pas la Science qui forme les grands Capitaines*, & qu'ils n'ont pour eux qu'une longue experience ; ce qui l'oblige de conclurre que *c'est la Science qui forme les grands Capitaines, & l'experience qui les perfectionne.* Conclusion qui ne permet pas de croire qu'on puisse *réüssir dans la Guerre par la speculation sans pratique*, ni que *l'Histoire puisse fournir la pratique de la Guerre.*

Mr. de F. ne s'est point borné à dire que *pour exceller dans la Science de la Guerre, il faille exceller dans le Métier.* Je suis persuadé que tous les Officiers souscriroient à cette opinion ; mais ce n'est point la sienne : il soûtient au contraire que *personne n'entend la Guerre, parce que personne n'a la Science qui forme les grands Capitaines, & parce que la Guerre est une Science plus speculative qu'experimentale.*

Je voudrois bien que Mr. de F. se fût expliqué plus clairement & sans se contredire luy-même en divers endroits de son Ouvrage : je voudrois, dis-je, qu'il se fût expliqué sur ce qu'il entend par la *Science* qui forme les grands Capitaines, parce que s'il sousentendoit la Science de la Guerre, je suis persuadé que personne ne le contrediroit : mais cette capacité si necessaire ne peut s'acquerir que par l'experience ; il ne faut pas la confondre avec la Science du Cabinet, dont il prétend parler : Science qu'on acquiert par l'étude des Livres que les Sçavans ont écrit sur l'Art Militaire : mais Science qui ne sçauroit jamais seule former un grand Capitaine. Vous verrez que l'Auteur apuye luy-même cette verité par ses propres paroles, aussi bien que par son exemple.

Il est étonnant qu'un Officier qui a passé la plus grande partie de sa vie dans le Service; *qui a acquis tant de gloire dans le cours de deux Guerres très-longues, très-opiniâtres & fecondes en évenemens extraordinaires; qui doit tant à l'experience de 36. Campagnes; qui s'est trouvé à six Batailles rangées, à un grand nombre de Siéges & de Combats, où il a reçû nombre de blessures*; un Officier enfin qui après cette longue experience, a acquis *dans neuf ou dix ans de paix les connoissances que tant de Sçavans n'ont pû acquerir dans l'espace de 40. années d'une étude continuelle*: il est étonnant d'entendre dire à cet Officier, que *c'est la Science qui forme les grands Capitaines, & l'experience qui les perfectionne*, dans le tems qu'il nous presente luy-même un Officier formé par une longue experience, & perfectionné par la Science. Mais ce n'est pas seulement par son exemple qu'il détruit luy-même son opinion; il la combat aussi dans tout son Ouvrage par ses propres raisons, & principalement dans le second Chapitre de son Livre, que nous examinerons en détail.

Je laisse aux gens de Guerre le soin de répondre au reproche que leur fait d'abord Mr. de F. en disant que *la plûpart des Officiers s'imaginent que la Guerre s'aprend par routine, qu'elle est un Métier & une Science purement experimentale.* Quoyque je sois persuadé que cette imagination est un vray Fantôme contre lequel il s'est battu, sans blesser personne; je laisse, dis-je, aux Gens de Guerre le soin de dire ce qu'ils pensent sur ce qui regarde leur Profession en particulier: en attendant je soûtiens hardiment, sans craindre d'être démenti, qu'il n'y a point d'Officier dans toute la Marine, qui s'imagine que les Arts de construire, de naviguer & de combattre, soient un simple Mêtier qu'on puisse aprendre par routine, non plus que par la seule Science du Cabinet: la Guerre dans la Marine n'est un Mêtier que pour les Matelots; ils ne s'instruisent que par routine; l'experience seule leur aprend à bien executer les Manœuvres qu'on leur ordonne; ils n'ont besoin ni de Regles ni de Science: mais il n'en est pas de même au regard des Generaux, des Capitaines, des Officiers, non plus que des Pilotes & de la plûpart des Bas-Officiers. Ceux-cy doivent joindre à l'experience les Regles, les Principes, en un mot les Sciences necessaires pour former de grands Capitaines & de Generaux capables de conduire & de commander les plus nombreuses Flotes.

Sans nous imaginer faussement, & sans prétendre faire acroire à Mr. de F. *que la Guerre sur Mer est une Science purement experimentale*, il nous permettra de dire que c'est un Art qu'il faut pratiquer

tiquer long-tems, quoyqu'on ait besoin du secours de la Théorie, & encore plus d'avoir un genie superieur pour en acquerir la perfection, à laquelle on ne sçauroit parvenir sans une longue experience.

Je dis encore plus, & j'ose soûtenir que toute la Science speculative des Evolutions Navales, de la Construction & de la Navigation des Galeres renfermée dans une seule Tête, sans aucune experience, ne sçauroit former un simple Matelot : il est certain qu'un Marin experimenté, sans sçavoir même ni lire ni écrire, conduira mieux une Galere ou tout autre Bâtiment, sur lequel il combatra avec plus de succez que le Sçavant paîtri de Science.

Je quitte, mon cher B. l'examen des nouvelles Découvertes, afin de ne pas renvoyer plus loin la preuve de ce que je viens de dire, aussi bien que pour faire connoître au Lecteur l'insuffisance des Sçavans qui veulent écrire sur une matiere qu'ils n'entendent point. Pour cet effet il suffira de faire quelques remarques sur les nouveaux Systemes cy-devant énoncés. Vous verrez entr'autres avec étonnement les absurdes idées d'un grand Mathematicien qui, nourri de Geometrie & d'Algebre, s'est imaginé avoir droit de s'élever au dessus des autres, & de regarder de haut en bas leurs Systemes. Un Auteur qui vogue dans la vaste Mer des infiniment petits, se persuade aisement qu'il est plus capable qu'un autre d'écrire sur la Construction, & qu'il peut impunement voguer sur la Mer Mediterranée avec des Galeres anciennes & modernes, sans connoître les unes ni les autres : vous verrez que le seul deffaut de pratique a fait faire à ce grand Mathematicien un funeste Naufrage.

Le premier des trois Systemes qui viennent de paroître dans les Memoires de Trevoux, est celuy du Pere Languedoc dont vous avez lû la Dissertation, aussi bien que la Lettre que je luy écrivis accompagnée de quelques remarques qui ont été imprimées. Je vous fis part ensuite de la Lettre particuliere que m'écrivit ce Jesuite : je vous ay montré ma Réponse, suivie de nouvelles remarques sur sa Dissertation qu'il m'a prié de relire & d'examiner de nouveau. Vous sçavez que vous n'avez rien negligé pour m'engager à donner cette replique au Public : la seule vivacité de la Lettre & des nouvelles remarques ne m'ont pas permis de vous donner cette satisfaction. Si ma santé & mes devoirs me donnent le loisir d'examiner de même pied à pied les deux nouveaux Systemes qui ont suivi celuy du P. L. je pourrois en ce cas vous en laisser disposer : en attendant contentez-vous, je vous prie, des remarques que vous allez lire.

Je ne m'arrête point au Systeme du P. L. Quoyque le Journaliste ait mis à la tête de l'Extrait qu'il en donne, le Titre de *Nouvelles Conjectures*, il n'y a rien de nouveau dans tout cet Extrait : on n'y parle pas même de mes remarques imprimées, quoyque dans la Lettre manuſcrite du P. L. il me faſſe eſperer *un Commentaire qui ſervira*, me dit-il, *d'éclairciſſement & de preuve à ſon Hypotheſe, & qui fera voir que je n'ay donné aucune atteinte à ſa Diſſertation.* Je paſſe donc au ſecond Syſteme : c'eſt celuy du Pere Sanadon.

Le Journaliſte démontre d'abord luy-même qu'il n'eſt pas poſſible qu'un Sçavant ſans experience, denué de toutes les connoiſſances des Arts de la Conſtruction & de la Navigation des Galeres, puiſſe comprendre ce qu'on écrit ſur leur ſujet, ni s'empêcher de ſe former des idées abſurdes ou fauſſes. *L'Auteur*, dit le Journaliſte, *pour donner plus de jour à ſon ſentiment, fait preceder quelques obſervations qu'il ſuppoſe comme autant de principes, ſur la foy de ceux qui ont traité cette matiere avec plus d'exactitude.*

En verité n'eſt-ce point impoſer au Public, que de luy preſenter comme autant de principes, des obſervations imaginaires, ſur la foy de ceux qui ont écrit d'un Art dont ils ne connoiſſoient ni les Proportions, ni les Meſures, ni les Regles, ni les Principes, ni les Termes, ni l'uſage ? C'eſt pourtant ſur la foy de quelques obſervations ſemblables, que le P. Sanadon (au raport du Journaliſte) *fonde les principes qu'il fait preceder pour donner plus de jour à ſon ſentiment.*

Le premier principe du P. S. dit le Journaliſte, eſt fondé ſur la foy d'Iſaac Voſſius. Vous ſçavez quelle peut être l'autorité de cet Auteur ſur cette matiere : vous avez vû ſon ignorance & ſes contradictions ſi clairement expliquées dans la deſcription d'une Galere, & dans celle des Rames en particulier, qu'il ſeroit ſuperflu de vous les repeter.

Le ſecond principe du Jeſuite eſt fondé ſur la fauſſe & abſurde explication d'un paſſage de Vitruve, que vous trouvez parfaitement juſtifié dans les Memoires que je viens de citer. Je ſuis bien tenté de donner au Public ma Deſcription des Rames : ce ſeul Memoire le mettroit en état de juger ſolidement ſi l'on peut établir quelques principes ſur la foy d'Iſaac Voſſius, non plus que ſur celle des Sçavans qui, faute de pratique, ne ſont pas mieux inſtruits : mais je ne dois pas ſeparer mes Memoires.

Le troiſiéme & dernier principe de l'Auteur conſiſte ſur les Chemins pratiqués dans les *Triremes* des anciens, le long des Files des Rameurs, que les Grecs, dit-il, appelloient *Parhodos*, & les Latins *Agea* : l'Auteur en diſtingue de deux ſortes ; l'un *interieur qui s'étendoit dans toute la longueur du Vaiſſeau, & deux autres exterieurs qui formoient deux eſpeces de Balcons de chaque côté, le long des bords même du Vaiſſeau au deſſus des Sabords.* Ce que l'Auteur apuye par l'autorité d'Athenée qui a parlé de ces trois differens Chemins, quand il a dit que *ce grand Vaiſſeau de charge qu'Hieron fit bâtir, étoit Triparhodos.*

Cette seule comparaison des Chemins pratiquez dans les *Triremes* des anciens, avec ceux de ce grand Vaisseau de charge qu'Hieron fit bâtir, ne démontre-t'elle pas plus clair que le jour, l'aveuglement des Sçavans qui, confondant la construction des *Triremes* avec celle des Vaisseaux de charge, ne peuvent se former une idée juste ni des uns ni des autres?

Ce sont là toute fois, au raport du Journaliste, les observations & les autorités que *l'Auteur*, *pour donner plus de jour à son sentiment*, *fait preceder* : observations *qu'il suppose comme autant de principes sur la foy de ceux qui ont traité cette matiere avec plus d'exactitude.*

Le P. Sanadon a pû voir les trois Chemins bien marqués sur le Plan de la Galere de Philopator, dressé sur les proportions d'Athenée. Ce dessein non-seulement donne du jour à mon sentiment, mais il le démontre à tout homme non prévenu de fausses & d'absurdes idées. Il pourroit bien être qu'il a contribué à donner au Jesuite l'idée de ranger les Rames d'une *Trireme* sur une même ligne de Poupe à Proüe, ce qu'il appelle *les ranger dans une seule File*. La conclusion qu'il tire de cet arrangement est fort juste : *Une Bireme*, dit-il, *une Trireme*, *une Quadrireme*, *&c. ne recevoient point leur dénomination du nombre des Rames*, *mais du nombre des Rameurs repartis sur chaque Rame.*

Le Passage de Vegece, sur lequel le Jesuite apuye ce sentiment, est clair & incontestable : sa traduction est entierement conforme à celle que j'en ay donné dans mes anciens Memoires, & que j'ay de nouveau éclaircie dans mes remarques sur la Dissertation du P. L. malgré toutes ces explications qui paroissent claires, le Journaliste *trouve l'interpretation du Jesuite un peu forcée*, touchant les Rameurs placez à une même Rame : mais son objection n'a d'autre fondement que des difficultés imaginaires & communes à tous les Sçavans qui manquent de pratique. *Ceux qui tiennent*, dit le Journaliste, *pour les étages*, *reclameront ce Passage qui semble leur apartenir de droit. A dire le vray*, ajoûte-t'il, *on se persuadera dificilement que Vegece ait pris trois*, *quatre & cinq hommes sur chaque Rame*, *pour trois*, *quatre & cinq ordres de Rameurs.* Pourquoy apliquer à Vegece cette absurde & chimerique idée, luy qui sçavoit que ces prétendus ordres de Rames, de quelque maniere qu'ils fussent situez, avoient été depuis long-tems abandonnés au siecle qu'il vivoit? Comment peut-on se persuader que cet Historien ait pû prendre pour des ordres de Rames, des rangs de Rameurs placez sur une même Rame? Et pourquoy s'opiniâtrer à vouloir trouver dans ce Passage des ordres de Rames, où il n'est très-clairement fait mention que de degrez de Rameurs? *Interdum quinos sortiuntur Remigum gradus.*

Cette conclusion de Vegece justifie solidement celle du Jesuite, lorsqu'il conclut que cet Historien *a pris indifferemment & dans le même sens les mots* Remorum & Remigum, *& qu'il n'a pû entendre autre chose par* ordines Remorum, *que ce qu'il entend par* gradus Remigum. Cette interpretation ne peut paroître forcée que dans l'esprit de ceux qui, faute de pratique, donnent un faux sens aux paroles latines de Vegece; ce qui fait voir avec évidence que la science d'une langue, ne peut supléer à l'ignorance d'un Art.

Puisque l'occasion se presente, mon cher B. il faut que je fasse icy une courte digression sur une autre remarque du Journaliste, touchant ce que Mr. de F. a dit dans ses nouvelles Découvertes, dont j'ay parlé au commencement de cette Lettre : voicy les propres paroles du Journaliste.

Or il est tout-à-fait à propos de remarquer que Mr. de Folard avoüe qu'il ne sçait pas le Grec, que Dom Thuillier traduisoit; mais on doit prendre garde qu'il nous avertit que la connoissance du Métier suplée à l'ignorance de la langue. Le Journaliste qui a fait cette raillerie à Mr. de Folard, meriteroit bien que ce Sçavant homme de Guerre luy répondît que, bien-loin d'entendre le Grec, il n'entend pas même le Latin. Vous sçavez que j'ay déja fait ce reproche aux Sçavans en divers endroits de mes Memoires : j'ay dit que sans entendre le Grec, j'avois découvert le veritable sens de quelques Passages Grecs dont les Sçavans n'ont donné que de fausses Traductions; ce qui démontre que *la connoissance du Métier suplée à l'ignorance de la Langue*; & en même-tems, que la Science d'une Langue ne peut supléer à l'ignorance d'un Art.

J'ay aussi apliqué ce raisonnement à la Langue Latine : j'ay osé dire que les Sçavans, même du premier ordre, faute de pratique, n'ont pas compris le sens de divers Passages Latins; je ne me suis pas contenté de le dire, je l'ay démontré, & j'ay trouvé des Sçavans qui en sont convenus : aveu d'autant plus loüable qu'il est fort rare. Vous sçavez, mon cher B. que le nouveau Traducteur de Virgile, en passant à Marseille, m'a non-seulement avoüé s'être trompé dans la Traduction de quelques Passages Latins employez par Virgile, en l'endroit où ce Poëte décrit le combat des quatre Galeres, mais il m'a encore prié de luy donner une copie de mes remarques, pour se corriger dans une nouvelle Edition.

Si les Sçavans qui ont mal expliqué & mal entendu les Passages Latins où il est parlé des *Triremes*, se vouloient rendre justice, ils conviendroient sans peine *que la Science du Métier suplée à l'ignorance de la Langue*, & que la Science d'une Langue ne peut supléer à l'ignorance d'un Art.

Le Journaliste luy-même en donne une forte preuve au sujet de la la traduction du Passage de Vegece par le P. S. Il est clair qu'il ne comprend pas le veritable sens des mots *Remorum* & *Remigum*, *ordines Remorum* & *ordines Remigum*, puisqu'il *trouve l'interpretation qu'en donne le P. S. un peu forcée.* Il paroît très-probable que ce Jesuite même n'auroit pas aussi bien traduit ce Passage de Vegece, sans le secours de mes remarques imprimées; ce qui seul auroit dû l'obliger à se conformer de même à toutes mes raisons: mais la Science d'une Langue ne peut supléer à l'ignorance d'un Art, & celle du Cabinet, qui enfle, ne laisse pas aux Sçavans la liberté d'entrer dans les idées des gens du Métier: on ne peut attribuer cet enchantement qu'au deffaut de pratique & à la présomption de quelques esprits qui, s'imaginant ne rien ignorer, croient sçavoir mieux ce qui n'est pas de leur Profession, que ceux même qui l'exercent avec plus d'aplication.

Pour prouver que l'interpretation du Passage dont on vient de parler *est un peu forcée*, le Journaliste répond que *ceux qui sont d'un sentiment contraire à celuy de l'Auteur, ne pensent pas qu'on puisse placer* 20. 30. 40. *&* 50. *Rameurs sur une même Rame*: il nous dira même bien-tôt que *l'arrangement de la situation de* 25. *Rameurs sur une seule Rame, ne se comprend pas aisement.* Je ne m'arrêterois pas à cette objection, si elle ne paroissoit au Journaliste *un embarras difficile & une raison decisive contre le Pere Sanadon*, auquel cette objection *ne paroît pas même une difficulté serieuse*, quoyque les raisons qu'il donne pour la détruire ne soient pas plus solides.

Il faut en cecy convenir que le deffaut de pratique donne aux Sçavans non-seulement d'étranges idées, mais qu'il produit encore dans leurs esprits des effets bien oposez: icy le Journaliste ne peut comprendre ce qui est très-facile; je vous feray bien-tôt voir que l'Auteur des Rampes paroît être persuadé d'un Systeme qui n'est pas moins impraticable que celuy des étages.

Il n'y a point de necessité de mettre 40. & 50. hommes à une seule Rame, mais l'execution n'en est pas impossible; au lieu que 40. & 50. ordres de Rames élevez par étages, ou placez sur des Rampes, ont été & seront éternellement impraticables.

Pour placer le nombre de quatre mille Rameurs dans le Vaisseau de Philopator, il n'étoit point necessaire de *suposer*, avec le P. S. *que dans ce Vaisseau la moitié des Rameurs se reposoit, tandis que l'autre moitié travailloit*; *ni que cette suposition soit necessaire dans tout Systeme*, parce que *l'Auteur ne conçoit pas que les mêmes hommes puissent suffire à un travail aussi forcé qu'est l'exercice continuel de la Rame.*

Il ne conçoit pas mieux, non plus que le Journaliste, tout ce qui regarde la Construction & la Navigation d'une Galere que les moins habiles gens de la Profession conçoivent sans peine : s'ils avoient fait l'un & l'autre une seule Campagne sur les Galeres, ils auroient souvent vû faire ce qu'ils ne conçoivent pas, & ce que tous les Sçavans ne concevront jamais sans pratique : c'est cette seule & unique cause qui a fait naître dans l'esprit de certains Sçavans la monstrueuse imagination de 40. ordres de Rames élevez les uns au dessus des autres, & qui a produit dans celuy de plusieurs autres la fausse idée qui ne leur permet pas de comprendre *qu'on puisse aisement placer 25. Rameurs sur une même Rame.* Les gens de la Profession, non-seulement condamnent ces idées imaginaires, mais ils ne conçoivent pas comment elles peuvent se presenter à l'esprit ; ils voient avec évidence que l'élevation des ordres de Rames est impraticable, non-seulement dans les Vaisseaux de 20. 30. 40. & 50. ordres de Rame, mais encore dans ceux de 2. 3. 4. & 5. rangs, dont les Sçavans, aveuglez de leurs fausses idées, prétendent que Vegece a voulu parler.

D'un autre côté ces gens de la Profession conçoivent aisement ce que les Sçavans ne peuvent comprendre ; ils connoissent la possibilité de mettre non-seulement 25. Rameurs à une même Rame, mais 30. 40. s'il étoit necessaire, parce qu'ils sçavent qu'une largeur, même excessive, dans tout Bâtiment ne sçauroit empêcher totalement sa Navigation, quoyqu'elle fût très-nuisible à sa vitesse : ils ne pensent pas de même de son élevation qui, dès qu'elle monte au dessus des principes & des regles sur lesquelles la Construction d'une Galere est fondée, dérange beaucoup la Navigation, & la détruit même entierement à proportion de sa hauteur. Je ne m'arrête pas à l'arrangement & à la situation des Rames qu'il est bien difficile de manier, dès qu'elles sont trop élevées au dessus de la surface de l'eau, ni à divers autres deffauts essentiels & très-nuisibles.

La réponse que fait le Jesuite au Journaliste touchant l'arrangement & la situation des Rames, ne vaut pas mieux que la precedente. Il s'est fort mal tiré d'affaire en disant *qu'il ne falloit pas moins de 25. Rameurs à chaque Rame, selon le raport d'Athenée, qui donne à ce Vaisseau quatre mille Rameurs.* Il n'étoit point necessaire de faire cette fausse suposition, *ni de se déclarer pour ceux qui ne comptent que trois mille Rameurs dans ce Vaisseau.* Il n'a qu'à jetter les yeux sur le Plan de ce Bâtiment ; il verra que j'y ay placé aisement quatre mille Rameurs, quoyque je n'en aye mis que vingt à chaque Rame : cette simple vûë l'auroit sans doute engagé à suprimer l'idée *de poster vingt Rameurs sur des bancs paralleles, de telle maniere que dix assis sur un banc regardent en face les dix autres assis sur l'autre banc.*

Le P. Sanadon passe ensuite aux absurdes arrangemens des Rameurs & des Rames dans le Vaisseau de Philopator, dans l'Octoreme de Memnon, dans la Quinquereme de Caïus. Toutes ces visions étant refutées avec plusieurs autres semblables dans mes anciens Memoires, je ne vous en parle point, non plus que de ce que luy répond le Journaliste après le P. L. qu'il *ne garde aucune proportion entre la grandeur des Vaisseaux & le nombre des Rames, ni entre le nombre des Rames & celuy des Rameurs.* Toutes ces absurdités sont refutées dans mes remarques imprimées. Je voudrois bien sçavoir sur quel fondement le Journaliste établit cette prétenduë proportion: a-t'il quelque connoissance des proportions, des regles & des principes sur lesquels on construit les Galeres? Vous pouvez en juger par les raisonnemens que je viens de vous faire remarquer, & par quelques reflexions que j'ay encore à faire sur ses Extraits.

Je ne m'arrête point aux Monuments antiques sur la foy desquels le P. S. s'est raporté, au jugement de Charles Estienne dans la Preface mise à la tête du Livre de Lazare Bayf-*De Re navali.* J'ay détruit dans mes anciens Memoires l'autorité des Monumens antiques, & en particulier celle de la Colonne Trajane, de sorte que je n'ay plus rien à ajoûter : j'ay justifié de même Bayf sur les injures grossieres & les ridicules objections du grand Scaliger; vous m'avez paru être satisfait de mes raisons sur ces deux articles.

En examinant le Systeme de l'Auteur des Rampes, j'auray occasion d'expliquer ce que le Journaliste dit de Zosime : je ne m'y arrête pas pour suivre son Extrait. *Le Pere Sanadon*, dit-il ensuite, *afin d'être maître du terrain & d'asseurer d'avantage son sentiment, attaque de front les autres Systemes dans le dessein de les battre en ruine; il commence par celuy du P. Languedoc.* Si je n'avois pas mieux refuté ce Systeme, le P. L. pourroit répondre avec plus de raison qu'à moy, *que ce Jesuite n'a donné aucune atteinte à son Systeme.* Voyons comment le P. S. *peut se flater d'avoir évité les inconveniens* du P. L.

Il considere d'abord *les Files des Rameurs selon la largeur ou selon la longueur du Vaisseau.* Si ce Jesuite avoit fait quelque attention sur mes nouvelles Remarques au P. L. il auroit sans doute reformé cette idée. Comment peut-on considerer des Files selon la largeur & selon la longueur? Je ne pousse pas plus loin cette reflexion, pour ne pas vous ennuyer en vous repetant ce que vous avez vû expliqué dans mes Memoires, & pour ne pas grossir ma Lettre qui ne sera que trop longue, ayant encore bien de choses à vous faire remarquer : je laisse donc les Files, aussi bien que le Systeme des étages auquel le Journaliste dit *que le P. S. en veut sur tout* : Je ne les ay pas épargnez, comme vous sçavez, dans mes Memoires.

Je n'ay jamais si bien connu combien il eût été important de les donner au Public, que depuis l'impression des trois nouveaux Systemes qui viennent de paroître : je me flate que le P. S. qui paroît homme à entendre raison, se seroit rendu aux miennes ; nos Systemes d'ailleurs sont assés semblables : *il range toutes ses Rames dans une seule File* ; *il place* ensuite *les trois differentes classes de Rameurs presque de niveau dans la longueur & dans la largeur du Vaisseau, les unes plus élevées que les autres d'un pied.* Ainsi dans son Hypothese *une Bireme, une Trireme, une Quadrireme, &c. recevoient leur dénomination du nombre des Rameurs repartis sur chaque Rame.* S'il eût suprimé son inutile maniere de placer les Rameurs *face à face*, & s'il avoit plus solidement & plus naturellement répondu aux objections de ses adversaires, je n'aurois rien à dire contre son Systeme qui est presque en tout si conforme au mien, que je pourrois luy faire la même demande que fit le R. Pere Daniel au Pere Languedoc après avoir lû sa Dissertation.

Les Sçavans sans pratique sont si fort prévenus de leurs fausses idées sur la Construction des Galeres, qu'il n'y a pas moyen de les desabuser. Vous sçavez, mon cher B. qu'un de ces trois Sçavans dont je vous entretiens, a osé m'écrire *que les connoissances que j'ay acquis dans les Arts de construire & de naviguer*, après plus de cinquante ans d'experience, d'aplication & d'étude, *sont plus propres à me donner une fausse idée des Bâtimens anciens, que l'ignorance de nôtre methode ne luy est nuisible. Mon Systeme*, m'a-t'il écrit, *n'a rien qui repugne plû-tôt que le vôtre à la connoissance pratique de la Construction & de la Navigation : permettez-moy d'ajouter qu'il me paroît y être plus conforme, & presque necessaire pour bien expliquer differens textes des anciens Auteurs. Il seroit aussi dangereux*, me dit-il ailleurs, *de vouloir juger des anciens Vaisseaux par raport à nos Galeres, que d'en vouloir juger par raport à nos Vaisseaux de Haut-Bord. Bien de raisons pourroient persuader qu'ils differoient presque également les uns des autres.* Il est si fort ébloüi par ce contraste de *Vaisseaux anciens & de Galeres modernes*, que cette fausse lueur ne luy permet pas de faire une juste comparaison de Bâtimens à Bâtimens ; il confond les Vaisseaux avec les Galeres : le moyen de pouvoir se former une idée juste ni des uns ni des autres ? De sorte qu'il ne s'aperçoit pas même du peu de justesse de son raisonnement.

Or puisque les sçavans sans pratique ne conçoivent point ce qu'ils écrivent sur cette matiere, il n'est pas surprenant qu'ils ne puissent pas entendre ce que leur disent les gens de la Profession, ni qu'ils ayent pris le parti de recuser leur témoignage, en disant que la maniere de construire les *Triremes*, *est devenuë un mistere qui n'attend qu'un second OEdipe pour être dévoilé.*

C'est

C'eſt un ſecret, dit le Journaliſte de Trevoux, *qui après bien de diſcuſſions ſe trouve encore enfermé dans les Images de l'Hiſtoire ancienne : il en eſt de celuy-cy comme d'un grand nombre d'autres qui ſe ſont perdus dans l'abîme des ſiecles.* Nous ferons bientôt voir qu'il n'y a que les Sçavans qui ſe ſont precipitez dans cet abîme, faute des connoiſſances de l'Art de conſtruire & de celuy de naviguer : ce ſont ces connoiſſances qui ont empêché les Conſtructeurs & les gens de la Profeſſion de tomber dans cet abîme, & qui leur ont donné de ſiecle en ſiecle les moyens neceſſaires & propres à conſerver ce prétendu ſecret, & même à le perfectionner.

Comment peut-on regarder comme un ſecret *ce qui ſe trouve encore dans les Images de l'Hiſtoire* ? Puiſque l'on a l'image de la maniere dont les *Triremes* des anciens étoient conſtruites, quelle difficulté peut empêcher d'en conſtruire de ſemblables ? Il eſt vray que les gens du Mêtier, d'une commune voix, regardent comme des Chimeres ces Images pittoreſques, imaginaires & ſuppoſées : ils conviennent tous que de tels Bâtimens ne ſeroient point propres à naviguer, & qu'il n'y en a jamais eu de ſemblables, ſinon ſur quelques Medailles ou Bas-Reliefs & ſur la Colonne Trajane, dont on ne trouve point la deſcription dans l'Hiſtoire ancienne, quoyque pluſieurs Sçavans modernes ſe ſoient imaginez la concilier avec divers Paſſages des anciens qu'ils n'ont point compris ni pû comprendre, faute de pratique, & auſquels ils ont donné un faux ſens pour autoriſer leurs idées.

C'eſt dans ces mêmes Paſſages des anciens que ceux qui connoiſſent la Conſtruction & la Navigation des Galeres trouvent la maniere dont ils ont conſtruit leurs *Triremes* : c'eſt ſur leurs proportions & leurs meſures que j'ay formé les Plan, Profil & Coupes de la fameuſe Galere de Philopator ; c'eſt dans la deſcription de Callixene, d'Athenée, de Plutarque, &c. que j'ay trouvé la maniere dont ce Bâtiment étoit conſtruit, à laquelle ſeule convient & peut convenir tout ce que les anciens ont écrit ſur cette matiere.

Il eſt vray que je ne l'ay pas conſtruit avec quarante ordres de Rames élevez par étages les uns au deſſus des autres, non plus qu'avec des rangs de Rames iſolez : je n'ay pas eu auſſi la penſée de poſter les Rameurs de maniere que dix aſſis ſur un banc regardent en face les dix autres aſſis ſur l'autre banc ; j'ay encore moins penſé à me ſervir de Rampes imaginaires que la ſeule ſpeculation peut enfanter, contre toutes les regles de la plus ſaine pratique.

Je me ſuis uniquement apliqué à former un corps propre à naviguer, & j'ay ſuivi dans ſa Conſtruction avec exactitude les proportions & les meſures preſcrites par les anciens Hiſtoriens ; deſcriptions qui ne m'ont donné aucune idée d'ordres de Rames : Ecueïl contre lequel les plus celebres Sçavans ont fait naufrage par le seul deffaut des connoissances pratiques & necessaires, qui ne leur a pas permis de comprendre le sens du mot *ordinum*, que les Traducteurs d'Athenée ont employé en traduisant la description qu'il fait de ce fameux Vaisseau de Philopator.

Quadraginta ordinum Navem Philopator construxit. Voilà l'écueil qui dans la suite a produit l'opinion des divers ordres de Rames élevez par étages les uns au dessus des autres : c'est aussi la fausse explication de ce terme & de quelques Passages des anciens, qui vient de precipiter dans l'abîme des siecles le Journaliste & les Sçavans qui ont imaginé les trois nouveaux Systemes.

Quoyqu'il ne soit point parlé dans les paroles cy-devant citées, d'ordres de Rames ni de Rameurs, les Sçavans ont tous entendu, par le seul terme d'*ordinum*, des ordres de Rames : la connoissance du Mêtier ne m'a pas permis de penser de même ; au contraire j'ay toûjours regardé cette opinion comme impraticable & chimerique, quand même il ne s'agiroit que *de deux ou trois ordres de Rames élevez les uns au dessus des autres* : Et certainement on ne trouvera personne parmy les gens de la Profession *qui accorde* à ce sentiment *la moindre probabilité.* Les Marins uniquement fondés sur l'experience, n'admettent point d'opinion probable. Les ordres de Rames élevez ne leur paroissent praticables dans aucun Systeme : tous les Constructeurs sont convaincus que par le terme d'*ordines*, on ne peut entendre que des *degrez* de Rameurs placez sur toute la largeur du Bâtiment en descendant du *Courcie*, jusques aux Bords du Navire : *à Catastromate ad foros Navis.* Vingt Rameurs ainsi placez sur une même Rame de chaque côté du Bâtiment, ont donné lieu aux anciens de dire que Philopator fit construire un Vaisseau à quarante ordres ; c'est-à-dire, à quarante degrez ou rangs de Rameurs, considerez sur toute la largeur du Bâtiment. *Quadraginta ordinum Navem Philopator construxit.* Si les Sçavans veulent examiner avec attention ce Passage dans l'Original Grec, je suis persuadé qu'ils y découvriront le sens que je luy donne. Je n'entends point le Grec, mais n'en déplaise au Journaliste, *la connoissance du Mêtier suplée à l'ignorance de la Langue*, & m'oblige d'asseurer que par le terme d'*ordinum* il faut entendre *degrez* ou *rangs de Rameurs*, & non pas *ordres de Rames.*

C'est sur cette solide idée, & sur les précises proportions & mesures des anciens, que j'ay dressé le Plan, Profil & Coupes de ce fameux Bâtiment. J'y ay placé avec facilité cent Rames de chaque côté, vingt Rameurs à chaque Rame, qui établissent quarante degrez de Rameurs sur toute la largeur du Bâtiment, deux mille de chaque côté, & quatre mille dans les deux ; nombre fixé par Athenée & par Plutarque.

Quoyque les Rameurs occupent la plus grande partie de la longueur & de la largeur du Vaisseau, on verra qu'il reste encore assés de place pour les espaces necessaires à l'Avant & à l'Arriere du Bâtiment, au lieu que dans le Systeme du P. Languedoc toute la longueur de 420. pieds ne suffit pas pour les seuls espaces necessaires à 120. Rames. J'ay partagé en trois parties cette longueur que les quatre mille Rames doivent occuper, espace que les gens du Mêtier appellent *Vogue*, terme qui a plusieurs significations. On a placé sur chacune des deux parties de l'Avant trente Rames de chaque côté, & quarante sur celle de l'Arriere: ces parties sont separées par un intervale de cinq pieds, & élevées trois pieds l'une plus que l'autre au dessus de la *Couverte* du Bâtiment, c'est-à-dire, du *Pont*; ce qui établit, separe & distingue les trois especes de Rameurs appellez par les anciens *Thalamites*, *Zygites* & *Thranites*. Ce dernier ordre de Rameurs, placé sur l'Arriere, est le plus élevé; celuy des *Zygites*, qui se trouve au milieu, l'est trois pieds moins; & l'ordre des *Thalamites* est à Proüe trois pieds plus bas, ainsi que tous les Auteurs anciens ont dit qu'ils étoient placez.

L'espace necessaire au mouvement de cent Rames exige au moins trois pieds de distance d'un banc à l'autre, ce qui produit 310. pieds en y comprenant cinq pieds pour chacun des deux intervales qui separent les ordres. Le Vaisseau de Philopator avoit 280. coudées de longueur, qui font 420. pieds; il me reste donc cent dix pieds pour les espaces de l'Avant & de l'Arriere, de la Proüe & de la Poupe, dont j'ay donné 50. pieds à celuy-cy, & 60. à l'autre; ce qui produit en tout la longueur déterminée de 420. pieds.

J'ay de même donné à ce Bâtiment la largeur & la hauteur prescrites par Athenée: j'ay enfin observé avec la même exactitude toutes les proportions & mesures des autres parties, qu'il seroit trop long de raporter icy. Voyez la Planche qui represente le Plan, Profil & Coupes de la Galere de Philopator, & lisez son explication.

On a pû remarquer dans ce que je viens de dire que les *Thranites*, en occupant quarante degrez sur toute la largeur du Bâtiment, forment en même tems 40. rangs & 40. Files de Rameurs sur la longueur de l'ordre des *Thranites*, & que ces Rameurs manient les plus longues Rames qui avoient, au raport d'Athenée, 57. pieds: longueur qui s'étant précisement trouvée conforme sur ma Coupe de l'ordre des *Thranites*, m'a engagé de dire que j'avois fait en cela *une espece de miracle*: pensée que l'Auteur du Systeme des Rampes a faussement attribuée en general à ses adversaires.

Certainement, dit-il avec beaucoup de confiance, *les adversaires devront être contens de moy, puisque, pour me servir de leur expression, j'auray fait une espece de miracle*. On le defie hardiment de citer aucun Auteur qui se soit servi de cette expression ; qu'il n'a certainement vûë que dans mes Memoires manuscrits sur les divers ordres de Rames, ou dans mes remarques imprimées sur la Dissertation des *Triremes* du Pere Languedoc.

Je ne sçais si les adversaires du Systeme des Rampes seront contens de l'Auteur, mais je puis l'asseurer en mon particulier que je suis très-content de luy, sans avoir lieu de l'être, & que j'ay pour sa personne un respect infini : mais je ne pense pas de même du Systeme que je condamne à être proscrit & relegué dans les espaces imaginaires. Je déclare naturellement & sans équivoque, qu'il rencherit sur toutes les chimeres des Systemes qui l'ont precedé ; en vain l'a-t'on élevé par des Rampes Mathematiques apuyées sur des Triangles Rectangles, ce Systeme en détail & en general rampe si bas, qu'il n'en a point parû d'aussi absurde.

Si je voulois, mon cher B. prendre la peine de descendre dans le détail de ce singulier Systeme, comme je suis entré dans celuy du P. L. à sa priere, ce qui pourroit bien arriver sans en être prié & sans *miracle* ; si je l'entreprenois, dis-je, je suis persuadé que ce détail vous réjoüiroit encore plus que l'autre, qu'il feroit pitié aux Marins, & qu'il donneroit des sujets très-risibles à ceux *qui n'ont pas même une legere teinture de la Marine*.

Je n'ay fait encore que parcourir cette Dissertation d'un bout à l'autre, dans laquelle je n'ay rien trouvé que de chimerique ; je n'excepte pas même ce qu'on y dit des Galeres modernes & du Royal-Loüis, dont il paroît qu'il n'est pas mieux instruit que de ce qui regarde les anciennes *Triremes*.

J'avoüe toute fois que cette Dissertation n'est pas *remplie de lieux communs*, comme il dit que le sont celles de ses adversaires : il n'y a rien de commun dans tout son écrit ; on n'y trouve que des pensées extraordinaires que toute la solidité de la Geometrie, très-mal apliquée, ne sçauroit rendre évidentes ni praticables. L'Auteur seroit bien embarrassé s'il vouloit passer de la speculation à la pratique ; son embarras le forceroit bien-tôt à suprimer ces décisions & ce ton de maître avec lequel il méprise tous les autres Systemes.

Le Journaliste & les Auteurs des nouveaux Systemes trouveront sans doute cette digression, non-seulement hors d'œuvre, mais trop vive & trop naturelle : je ne la regarderay pas comme telle, si elle sert à détromper le Public des fausses opinions que les Sçavans sans pratique ne se lassent point de debiter sur cette matiere.

Je me suis trouvé, mon cher B. engagé de repeter icy une partie de ce que vous avez vû dans mes anciens Memoires au sujet du Vaisseau de Philopator : ces repetitions vous ennuyeront sans doute plus que mes digressions ; mais comme mes Memoires ne sont

point

point imprimés & ne doivent pas l'être, il est à propos de donner au Lecteur un précis de mon opinion, afin de le mettre en état de juger s'il est vray, comme dit le Journaliste, que *la maniere de construire les Triremes est un secret qui s'est perdu dans l'abîme des siecles, & que nous n'avons que le plaisir d'admirer dans les Ouvrages antiques ce que nous avons regret de ne pouvoir imiter.*

Il est vray que ce prétendu secret est impenetrable aux Sçavans les plus celebres qui n'ont que la science speculative, mais ce n'en est pas un pour les maîtres de l'Art, ainsi que vous l'allez voir.

Le Ciment des anciens, continuë le Journaliste, *la Peinture incorporée avec le Verre se sont maintenus jusqu'à nos jours, malgré le ravage des tems & des saisons. L'Art de les preparer & de les mettre en œuvre est devenu un mistere qui n'attend qu'un second Oedipe pour être dévoilé.*

Ces secrets étoient veritablement des secrets connus de peu de personnes, mais la maniere de construire les *Triremes* n'en a jamais été un : il n'y a que le Systeme des étages, aussi bien que tous ceux qui viennent de paroître, qui ont été des secrets inconnus aux anciens ; on peut dire qu'ils ne le sont pas moins pour les modernes : ce sont des misteres & des énigmes impenetrables aux Lecteurs, & ils deviendroient des secrets impraticables aux Auteurs mêmes, s'ils vouloient passer de la speculation à la pratique, & s'ils osoient mettre la main à l'œuvre, pour construire des Galeres conformes à leurs chimeriques idées : au lieu que la maniere de construire les *Triremes* des anciens a été generalement connuë dans tous les siecles, & publiquement executée.

N'en déplaise à l'Auteur des Rampes qui prétend que *puisque avant le dixiéme siecle on ignoroit l'Architecture navale des anciens, il ne faut pas s'étonner que sept cens ans après on n'en ait aucune connoissance.* Je suis bien fâché d'être forcé de mettre au grand jour la fausseté de cette prétention, uniquement apuyée sur un aveu suposé & imaginaire. *Comme l'avoüent*, dit-il, *les adversaires sur le raport de Zosime.* Quels sont les Auteurs qui ont fait cet aveu ? Ils ne subsistent certainement que dans son imagination. Qu'il les nomme, qu'il cite l'endroit d'où il l'a tiré : il ne sera pas moins embarrassé de satisfaire à ce defi, qu'à celuy que je luy ay fait cy-devant touchant *mon espece de miracle.* Il pourroit bien être qu'il m'a encore couché en joüe au sujet de ce faux aveu : il est vray que j'ay cité Zosime dans mes anciens Memoires ; mais je ne luy ay pas fait dire *qu'avant le dixiéme siecle on ignoroit l'Architecture navale des anciens.*

Il est important, mon cher B. de raporter icy l'article tout entier dans lequel je me suis servi du témoignage de Zosime. Passezmoy, je vous prie, encore cette repetition, qui ne l'est que pour vous: elle est necessaire pour faire toucher au doigt du Lecteur l'artifice de l'Auteur des Rampes, & pour donner en même tems au Public une démonstration qui prouve la solidité de mon opinion: il est vray qu'elle n'est pas geometrique, mais elle en a toute la force. Je la copie mot à mot de mes anciens Memoires, conformes à ceux qui ont resté si long tems dans le College de Loüis le Grand: voicy comme je me suis expliqué dans la premiere partie.

Il ne paroît pas qu'on puisse rien objecter au témoignage de Zosime, qui asseure dans le cinquiéme Livre de son Histoire, qu'il y avoit déja long tems qu'on avoit abandonné l'usage des *Triremes*, & cessé de construire de pareilles Galeres.

Il est important de faire reflexion aux tems que Zosime & Vegece ont vecu. Celuy-cy écrivoit vers la fin du quatriéme siecle du tems de l'Empereur Valentinien: Fabretti nous a dit que Zosime vivoit sous l'Empire de Theodose le jeune, c'est-à-dire, au commencement du cinquiéme siecle. Cecy supose, comment peut-on expliquer en faveur des ordres de Rames élevez par étages les uns au dessus des autres, le Passage de Vegece Livre 5. Chapitre 7. dont on a cy-devant parlé? Il est évident que Vegece, dans ce Passage, n'a pas eu dans l'idée aucune sorte d'ordres de Rames, & qu'il faut donc entendre par *ordines Remorum*, des ordres, des rangs ou degrez de Rameurs, ainsi qu'il l'explique fort clairement à la fin de ce même Passage, en disant *interdum quinos sortiuntur Remigum gradus.* On ne peut pas apliquer le sens de ces termes à des ordres de Rames, puisqu'au raport de Zosime, *il y avoit déja long tems qu'on avoit cessé de construire des Triremes.*

Joignons à ce témoignage celuy des Auteurs qui ont écrit après le Regne d'Auguste: ils conviennent tous que cet Empereur fut redevable du gain de la Bataille Actiaque à la seule legereté des *Liburnes* qui alloient beaucoup plus vite, & qu'on manioit plus facilement que les *Triremes* dont la Flote d'Antoine étoit composée; d'où l'on pourra conclurre que l'usage de ces Bâtimens fut abandonné après cette grande Bataille, où l'avantage des *Liburnes* sur les *Triremes* fut réconnu par l'experience & par le succès.

On ne sçauroit donc douter qu'après ce grand évenement les Romains ont preferé l'usage des *Liburnes* à celuy des *Triremes*, soit que dans celles-cy les ordres de Rames fussent élevez les uns au dessus des autres, soit qu'ils fussent placez sur la longueur du Bâtiment: n'importe de quelque maniere qu'ils fussent. Il suffit de sçavoir que les *Triremes* furent abandonnées au raport de Zosime & de divers autres Historiens. D'où je tire une preuve sans replique en faveur de mon opinion, & j'ose soûtenir qu'on est forcé d'adopter & de recevoir le ſens que je donne à tous les Paſſages des Auteurs qui ont écrit après le Regne d'Auguſte, non-ſeulement parce que ce ſens eſt le plus vrayſemblable, le plus naturel & le plus conforme à la pratique, mais encore l'unique, puiſqu'au raport de Zoſime, les *Triremes* n'étoient plus en uſage.

Plutarque, Arrien, Appien, Pauſanias, Pollux, Tacite, Dion, Vegece, Zoſime, Heſychius, Silius Italicus, ont tous écrit après la Bataille Actiaque, & dans des tems que les *Triremes* n'étoient plus en uſage; donc ce qu'ils ont dit des Galeres ne peut s'apliquer à des Bâtimens conſtruits avec divers ordres de Rames, de quelque maniere que ce ſoit. Vegece & tous les Auteurs que je viens de nommer, n'ayant jamais vû de *Triremes*, n'ont pû entendre dans la deſcription des Galeres dont on ſe ſervoit dans leur ſiecle, par les termes d'*ordines Remorum*, que des degrez ou rangs de Rameurs: donc il ne s'agit point d'*ordres de Rames*. Il eſt vray qu'ils ſe ſont énoncez comme les anciens, parce qu'ils ſçavoient que le mot *Remus* avoit été par eux indifferemment employé pour celuy de *Remex*.

On peut encore conclurre de tout ce que nous venons de dire que la *Trireme* & les *Biremes* qu'on voit aujourd'huy ſur la Colonne de Trajan ne ſont pas repreſentées telles qu'on les conſtruiſoit du tems de cet Empereur, puiſque quand cette Colonne fut élevée, il y avoit au moins cent cinquante ans qu'on ne ſe ſervoit plus des *Triremes*.

La Bataille Actiaque s'eſt donnée trente-un an avant Jeſus-Chriſt; Trajan eſt mort l'an 117. de Nôtre-Seigneur; la Colonne Trajane n'a été finie que ſept ans après la mort de cet Empereur : en ſorte qu'il y a plus de dix-ſept ſiecles que l'uſage des *Triremes* a été abandonné.

Je ne ſçais, mon cher B. ſi l'extrait que je viens de vous remettre devant les yeux eſt un de *ces lieux communs* que l'Auteur des Rampes reproche à ſes adverſaires, mais je me flate que le Lecteur y remarquera peut-être la force naturelle & ſolide du ſens commun, & qu'il ne trouvera point que j'aye dit au raport de Zoſime, *qu'avant le dixiéme ſiecle on ignoroit l'Architecture navale des anciens*. On l'avoit abandonnée, il eſt vray, mais aucun Conſtructeur ne l'ignoroit.

L'avantage que l'Auteur des Rampes tire de cet aveu prétendu, ne paroît pas moins abſurde que ſon Syſteme: car ſuppoſé, ce qu'on luy conteſte, *que l'on ignoroit avant le dixiéme ſiecle l'Architecture navale des anciens*; c'eſt-à-dire, la maniere de conſtruire les *Triremes*, on ne pourroit conclurre de cet aveu que ce qu'il en a conclu luy-même, *qu'on ne doit pas s'étonner que ſept cens ans après on n'en ait aucune connoiſſance.* Mais puiſque cette ſuppoſition eſt fauſſe, & que Zoſime n'a dit autre choſe dans le cinquiéme Livre de ſon Hiſtoire, ſinon *qu'il y avoit déja long tems qu'on avoit abandonné l'uſage des Triremes*, il n'eſt pas ſurprenant qu'après avoir réconnu la ſuperiorité des *Liburnes*, on ait ceſſé de conſtruire des *Triremes.* Mais il eſt étonnant qu'après dix-ſept ſiecles que celles-cy ont été abandonnées, des Sçavans ſans experience, ſans principes, ſans regles, ſans preceptes de l'Art de conſtruire des Galeres, ſoit anciennes ſoit modernes; il eſt étonnant, dis-je, de voir des Sçavans prétendre qu'ils ont découvert ce qu'à leur raport tout le monde ignore depuis dix-ſept ſiecles. Leur aveuglement eſt ſi grand, qu'ils n'ont pas même fait attention aux autoritez dont ils ſe ſervent pour apuyer leurs viſions: car puiſque depuis plus de dix-ſept ſiecles on ignore la Conſtruction des *Triremes*, il eſt évident qu'il faut conclurre tout l'opoſé de ce qu'a conclu l'Auteur des Rampes.

1°. *Que les Galeres repreſentées ſur la Colonne de Trajan avec trois rangs de Rames les unes au deſſus des autres*, ſont une pure fiction de l'Ouvrier & une marque de ſon ignorance dans l'Architecture navale, quoyque l'Auteur des Rampes ait voulu perſuader le contraire.

2°. *Que les Auteurs* (qui ont écrit depuis l'abandon des *Triremes*, & dans des tems qu'on ignoroit leur Conſtruction) pris dans *leur ſens naturel*, ne doivent & ne peuvent s'entendre d'ordres de Rames élevez les uns au deſſus des autres, ou avec des Rampes.

3°. Il eſt manifeſte que ce n'eſt point dans le ſens de l'Auteur des Rampes qu'a parlé Vegece*: interdum quinos ſortiuntur Remigum gradus.* Il eſt donc clair que ces paroles déſignent des *degrez* de Rameurs, & non pas des *ordres* de Rames.

4°. Que le ſens naturel des Paſſages de Virgile, Lucain, Pauſanias, Florus & de tous les Auteurs qui ont écrit depuis dix-ſept ſiecles, ne peut s'apliquer à aucune ſorte d'*ordres de Rames*, puiſqu'on les avoit abandonnez, & qu'au raport de l'Auteur des Rampes, on en ignoroit même la Conſtruction.

La reflexion qui, au ſentiment de cet Auteur, *vient naturellement à l'eſprit à l'occaſion des Paſſages cy-devant raportez*, bien-loin *de montrer la fauſſeté des deux premiers Syſtemes*, démontre clairement la chimerique idée de ceux qui, après un abandon de dix-ſept ſiecles, veulent renouveller l'opinion des ordres de Rames élevez l'un au deſſus de l'autre, *que l'on ignoroit avant le dixiéme ſiecle.*

Les réponſes que le Jeſuite fait enſuite *en peu de mots aux difficultez qu'il propoſe luy-même*, ne ſont pas plus ſolides que le Syſteme. Toutes ces abſurdes idées ſont en ſi grand nombre, qu'il ne ſeroit

seroit pas possible de les faire remarquer en peu de paroles : en attendant un examen de son Hypothese suivi pied à pied, contentez-vous, mon cher B. de ces reflexions sur quelques réponses aux difficultez proposées.

Premiere difficulté. Il est difficile de concevoir comment cinq hommes auroient pû mouvoir des masses aussi lourdes que le devoient être des Rames de 57. pieds. Sur quel fondement & sur quelle raison a-t'on fixé le nombre de cinq Rameurs ? Premiere idée. Vous avez vû cette supposition solidement combattuë & détruite dans ma réponse à la remarque M. CC. XXX. du grand Scaliger, qui a poussé plus loin cette chimerique difficulté, s'étant imaginé que chaque Rame, dans le Vaisseau de Philopator, étoit maniée par un seul Rameur : mais ce n'est pas dans les seules pesanteur & longueur des Rames que consiste la difficulté ; leur situation contribuoit beaucoup à la peine qu'on avoit de les manier, de sorte que ceux qui font cette difficulté sont un peu trop modestes : je ne suis pas si complaisant ; je répons hardiment que cela est impossible, & je soûtiens avec certitude que le nombre des Rameurs à chaque Rame, étoit beaucoup plus grand dans le Vaisseau de Philopator : j'en ay mis vingt à chacune, & je suis persuadé que malgré ce nombre, les Rameurs avoient beaucoup de peine à les mouvoir.

La premiere réponse que fait l'Auteur à cette difficulté porte à faux & ne prouve rien. *Je réponds*, dit-il, *que si l'on veut expliquer Athenée, il faudra, dans quelque Systeme que ce soit, faire agir les Rames longues de 57. pieds.* Qui en doute ? Ce n'est pas la difficulté, elle ne regarde que la supposition de manier ces Rames avec cinq hommes. L'Auteur, qui n'en met pas d'avantage, s'est proposé sans doute luy-même cette difficulté, pour prevenir les Lecteurs : mais il étoit important de donner de meilleures & plus solides réponses. Dans tout autre Systeme, sans diminuer la longueur des Rames, en augmentant le nombre des Rameurs, on pourroit mouvoir les Rames : au lieu qu'avec cinq hommes, il ne seroit pas possible de les remuer. Tout ce qu'on peut dire de plus favorable à cette premiere réponse, c'est qu'elle est conçûe en peu de mots, ainsi qu'on l'a promis ; il n'en falloit pas même tant pour ne rien dire : cette simple reflexion suffit pour juger de sa validité. Vous verrez bien-tôt qu'il a prouvé de même son Systeme : il a écrit tout ce qu'il s'est proposé de faire, mais dans le fonds il n'a rien fait, ou pour mieux s'expliquer, il n'a donné que l'idée d'un Corps chimerique.

La seconde réponse consiste à dire *que ces Rames, quoyque fort lourdes, ne l'étoient pas autant que le veulent persuader les adversaires .... parce qu'en dehors du Vaisseau, elles alloient toûjours en diminuant*. Cette réponse est non-seulement frivole, mais hors d'œuvre, à moins que l'Auteur ne s'imagine que cette diminution n'a été observée qu'aux seules Rames du Vaisseau de Philopator. Quelque fausse idée qu'un Sçavant sans pratique puisse se former d'une Rame, il n'est pas possible qu'il ne sçache *qu'en dehors du Vaisseau elles vont toûjours en diminuant*. Vous avez vû dans ma description des Rames le dessein de l'énorme & monstrueuse Rame d'*Isaac Vossius*, ce celebre Sçavant qui, sans pratique, a voulu instruire le Public des proportions, des mesures & de la Construction d'une Rame; mais quelque difforme que soit celle dont il donne la figure, toute fois *en dehors du Vaisseau elle va toûjours en diminuant*. Nôtre Auteur finit cette seconde réponse par une absurde & fausse idée.

De plus Athenée parlant de ces Rames dit que la partie interieure étoit armée de Plomb, & que les deux parties de la Rame se trouvoient par ce moyen de pesanteur égale : or il n'est pas difficile de balancer autour d'un point d'apuy deux poids d'égale pesanteur. Les gens sans pratique pourront se payer de cette réponse : ils diront sans doute, avec le Journaliste, *que l'Auteur démontre la possibilité de son Systeme par des preuves solides & geometriques*; *l'égalité de pesanteur*, *le balancement autour d'un point d'apuy* les éblouïront; ils croiront que cette idée est fondée sur la Geometrie, par consequent incomprehensible aux gens de Mer.

Vous sçavez pourtant, mon cher B. que nos *Remolas*, sans être Geometres, sont fort attentifs à l'égalité de pesanteur de la partie interieure d'une Rame avec la partie exterieure : vous n'ignorez pas qu'ils se servent de l'ancien usage du Plomb pour les mettre en équilibre; il est vray que leur dessein n'est point de *balancer les Rames autour de leur point d'apuy* : ils ne pensent par cette égalité de poids qu'à tenir en équilibre la partie interieure d'une Rame avec la partie exterieure, & à diminuer autant qu'il est possible la peine des Rameurs. Qu'on ne me prie point icy, à l'exemple du P. L. *de ne pas incidenter sur les termes*. Je ne chicane point sur celuy de *balancer*, mais je condamne le sens propre du Mathematicien qui veut qu'on *balance les Rames autour de leur point d'apuy*. Le terme de balancer ne signifie autre chose, ce me semble, que tenir un Corps en équilibre pour luy donner avec facilité un mouvement qui fait pancher le Corps tantôt d'un côté tantôt d'un autre : mais le mouvement des Rames, quand on vogue, n'est point un balancement; les Rameurs poussent le *Genoux* des Rames vers la Poupe, & en se renversant du côté de Proüe, luy donnent un mouvement circulaire qui fait décrire au Genoux de la Rame une ligne courbe. Voilà ce que la pratique fait connoître aux gens de mer, sans aucun secours de Geometrie, à laquelle tout mouvement circulaire & ligne courbe semblent apartenir, sans qu'on puisse toutefois qualifier les connoissances des Marins de preuves geometriques, quoyqu'elles meritent celuy de preuves réelles & solides qui obligeront peut-être l'Auteur des Rampes de convenir *que c'est au Tribunal des gens de mer qu'il faut avoir recours pour être instruit sur ces matieres.*

Il me répondra sans doute *que je raisonne des anciennes Galeres sur la connoissance que j'ay des modernes.* Je l'avoüeray sans peine, & pour montrer que son objection va plus loin qu'il ne pense, j'ajoûteray que cette connoissance pratique m'a fort aidé à juger des deffauts qu'avoient les Rames des anciens, non-seulement au regard de leurs proportions, mais encore touchant leur situation & leur inclinaison. Il y a tant de raport d'une Construction à l'autre, & tant de parties qui ne different entre elles que par la perfection qu'elles ont acquis peu à peu & de siecle en siecle, qu'on est forcé d'avoüer que la connoissance des Galeres modernes est très-necessaire pour juger de la maniere dont les anciennes étoient construites.

Vous avez vû, mon cher B. tout ce que j'ay écrit dans ma description des Rames touchant leur mouvement en particulier: vous ne désaprouverez pas sans doute que j'en raporte icy un article qui me paroît necessaire pour l'instruction des Sçavans sans pratique.

Quoyque le mouvement d'une Rame soit continu & uniforme, on peut toute fois considerer trois tems dans l'action des Rameurs qui la manient. Le premier pour s'élever de dessus le banc; le second pour pousser le *Genoux* de la Rame vers la Poupe: alors le *Vogue-avant* fait un pas, il monte d'un pied sur la *Pedagne* pendant que l'autre apuye sur la *Banquete*, il avance son corps & allonge ses bras autant qu'il peut bien tendus vers la Poupe; au troisiéme tems le *Vogue-avant* & les Rameurs, en se renversant vers la Proüe, tombent sur leurs bancs tenant toûjours les bras tendus, d'où ils se relevent sans s'arrêter, & continuent le même exercice jusques à ce qu'on leur ordonne de *lever Rame.* Dans ces trois actions, qu'on peut regarder comme un seul mouvement circulaire en avant & en arriere, le bout du *Genoux* de la Rame décrit une ligne courbe qui a de longueur le double de l'espace compris entre deux *Scaumes*: c'est au troisiéme tems que toutes les *Pales* des Rames plongent dans la Mer d'un seul coup; l'eau qui resiste à leur pression pousse la Galere vers la Proüe, & luy donne une vitesse plus ou moins grande, à proportion de la force des Rameurs en tirant le *Genoux* vers la Proüe.

D'où il resulte que la force qu'ont les Rameurs pour pousser ou presser l'eau, est à la resistance de l'eau comme la longueur du *Genoux* est au reste de la longueur de la Rame, ou comme la partie interieure d'une Rame est à l'exterieure; c'est-à-dire, comme onze & demy est à vingt-cinq, ainsi l'eau a un grand avantage sur le *Vogue-avant* pour luy resister; mais la force qu'a le *Vogue-avant*, jointe à celle des Rameurs qui manient la même Rame, est à la resistance du Bâtiment comme toute la longueur de sa partie exterieure est à toute la longueur d'une Rame, ou comme 25. est à 36. & demy: ainsi les Rameurs ont un grand avantage pour pousser la Galere, tout contribuant à la faire avancer; car plus l'apuy est ferme, plus l'effort se fait sentir sur le fardeau que l'on veut remuer, & plus la distance où l'on est de l'apuy surpasse celle de l'apuy au fardeau, plus on a de facilité à remuer le fardeau.

Afin de ne rien negliger de ce qui peut faciliter aux grands Mathematiciens les moyens d'employer leur Geometrie à perfectionner la pratique des Remolas, des Constructeurs & des Marins, il faut faire observer aux Sçavans qu'il y a plus d'adresse à voguer qu'on ne s'imagine. Un Rameur doit joüer de tête; il ne luy suffit pas de s'endurcir au travail par l'exercice, il faut qu'il s'accoûtume à acquerir la maniere la plus propre à faciliter le mouvement des Rames, pour diminuer par son adresse, autant qu'il est possile, la peine inseparable de ce travail, & pour donner en même tems une belle & bonne *Vogue*. Les *Vogue-avans* & les *Espaliers* sur tout ont besoin d'avoir plus d'adresse & plus de force que les autres Rameurs, parce que ceux-cy conduisent toute la *Vogue*; lorsqu'un *Espalier* se neglige & qu'il donne une mauvaise *Vogue*, toute la Chiourme s'en aperçoit bien-tôt & ne manque pas de s'en plaindre, parce qu'elle fatigue beaucoup plus lorsque la *Vogue* est mauvaise, que quand elle est bonne & bien conduite.

Cette observation, qui n'est connuë que par les personnes qui naviguent sur des Galeres, condamne seule toutes les Machines qu'on a voulu si souvent substituer à la place des Rames; elle n'a pas non plus permis aux Marins de penser à reduire leur force *au Levier de la seconde espece*, pour calculer leur impulsion & pour juger de la vitesse du Bâtiment, ainsi que le pretend l'Auteur des Rampes, dans la vûë de marquer le chimerique avantage qu'il attribuë au nombre de 400. Rames qu'il pretend mettre de chaque côté dans la Galere de Philopator, s'imaginant *qu'elles feroient pour le moins deux fois autant d'effet que cent Rames de chaque côté* placées sur une même ligne de Poupe à Proüe, ce qu'il dit *qu'on peut aisement calculer, en reduisant les Rames au Levier de la seconde espece.*

Vous avez vû, mon cher B. ce que j'ay répondu à un Sçavant Antiquaire

Antiquaire qui trouvoit à redire à la proposition de Mechanique du R. Pere Laval, pour sçavoir quelle doit être l'inclinaison d'une Rame dans les Galeres, pour faire plus de force. Souffrez, je vous prie, que je raporte icy en faveur des Lecteurs la réponse que je fis à Mr. Terrin le 8. Novembre 1701. c'est le nom du Sçavant qui a prévenu depuis long-tems l'idée de l'Auteur des Rampes, touchant les Leviers de la seconde espece, sans en avoir donné aucune preuve.

Vous me ferez plaisir, Mr. luy écrivis-je, de m'expliquer ce que vous trouvez de defectueux dans la proposition de Mechanique du R. Pere Laval: mais souffrez que je prenne la liberté de vous dire que vous aurez de la peine à réussir, tandis que vous vous arrêterez au *sentiment de nos anciens Maîtres touchant les Leviers de differentes especes*. Les nouveaux Geometres passent souvent sur cette distinction; ils regardent le point d'apuy dans les Corps pesants, comme une puissance mûë ou tendante à se mouvoir selon la direction des deux autres qui agissent contre elle par le moyen du Levier. Ce sont ces principes qui rendent souvent inutile la distinction autre fois si necessaire entre les differentes especes de Levier.

Il est aisé de concevoir par tout ce que je viens de dire touchant la conclusion (que l'Auteur des Rampes a prétendu tirer *des deux parties d'une Rame de pesanteur égale*) il est aisé, dis-je, de concevoir qu'il ne connoît pas le mouvement des Rames, *qui ne consiste point à les balancer autour de leur point d'apuy*.

Je ne m'arrêteray point à la seconde difficulté, non plus qu'à ce qu'il répond; on ne sçauroit en peu de mots refuter ce qu'il dit du Royal-Loüis: ceux qui connoissent mieux que luy la grandeur & les proportions de ce Vaisseau, ne s'aviseront jamais de les comparer avec la grandeur ni avec les proportions d'une Galere, mais ils jugeront par cette comparaison que l'Auteur n'auroit pas dû reprocher aux gens de mer, *qu'ils raisonnent de la Construction ancienne par raport aux connoissances qu'ils ont de la moderne*. Je l'ay dit cy-devant: cela est vray pour ce qui regarde les Galeres modernes & les anciennes; mais ils n'ont jamais eu la pensée de comparer les proportions de nos Vaisseaux de Guerre avec celles des anciennes *Triremes*.

Tout ce que cet Auteur a écrit, mon cher B. sur cette matiere est si extraordinaire, & toutes ses pensées sont si singulieres, qu'on ne sçauroit les faire remarquer en peu de paroles; d'ailleurs il n'est pas possible qu'un homme du Mêtier ne soit fatigué & rebuté en lisant ce Systeme. Je ne vous diray plus qu'un mot touchant sa troisiéme difficulté, conçûë en ces termes.

On demande quel avantage les anciens pouvoient retirer d'une tel-

le disposition des Rames. C'est-à-dire, de celle de l'Auteur des Rampes. Il faut être bien prévenu d'une aussi chimerique disposition, pour s'imaginer qu'elle soit même praticable, bien-loin de pouvoir en retirer quelque avantage : je vous ay déja fait remarquer l'absurdité de celuy qu'il attribuë au nombre de 400. Rames placées de chaque côté. Le second avantage qu'il prétend retirer de cette disposition est encore plus extraordinaire : il suffira de vous le raporter pour vous en convaincre.

Le second avantage c'est que dans un gros tems, étant obligez de serrer les Voiles, ils ôtoient les rangs inferieurs dont les Flots ne leur permettoient pas de se servir, & par le moyen des superieurs, ils soûtenoient les Vaisseaux & les empêchoient de donner contre des écuëils, & d'échoüer à terre. Fabreti a prévenu l'Auteur des Rampes sur cette chimerique idée.

Au contraire dans la disposition des Rames, telles que la veulent les trois premiers Systemes, les Vaisseaux seroient demeurez exposez à la mercy des Flots, & auroient fait un triste naufrage.

Voici, mon cher B. toute la réponse que je feray à cet article, qui convient parfaitement à tout le Systeme, & beaucoup mieux qu'à l'Auteur à qui elle a été faite autre fois : *Messer Ariosto dove havete pigliato tante minchioniarie?* Il faut que le deffaut de pratique produise un étrange aveuglement dans l'esprit des Sçavans, puisque le simple sens commun qui suffit au moindre Matelot pour connoître tout le faux compris dans le precedent article, ne leur permet pas même de s'en apercevoir.

La charge que je viens de faire, mon cher B. sur le Systeme des Rampes, sans pouvoir m'en deffendre, m'a écarté du sujet dont je vous parlois, & ne m'a pas permis d'achever ce que j'avois à vous dire touchant le prétendu secret du Journaliste : je le reprens naturellement, selon ma coûtume, sans art, sans methode & sans ordre.

La Construction des Galeres n'a jamais été un secret ni un mistere : on a construit des *Biremes*, des *Triremes*, des *Quinqueremes*, *&c.* dans tous les Etats maritimes de la Mer Mediterranée ; elles ont été pendant plusieurs siecles les seuls Bâtimens militaires ; on prenoit soin en tous lieux de les perfectionner pour la Guerre & pour le Commerce ; en un mot, elles étoient si universellement connuës, qu'il n'est pas possible qu'on eût perdu la maniere de les construire avec divers ordres de Rames élevez par étages ou par Rampes, si cette maniere avoit jamais subsisté ; je ne crains point de le redire ; on n'a abandonné l'usage des *Triremes*, qu'après avoir réconnu à la Bataille d'Actium les grands avantages des *Liburnes* sur les *Triremes* : c'est-à-dire, la superiorité des Rames rangées sur une même ligne de Poupe à Proüe, ainsi qu'étoient placées celles des *Liburnes*, ce qui les rendoit plus legeres, plus vites, plus faciles à mouvoir, & plus propres à faire toutes les évolutions navales, à quoy les *Triremes* ne pouvoient parvenir qu'avec peine, parce qu'elles étoient beaucoup plus pesantes, & que la situation des Rameurs ne permettoit pas de manier leurs Rames avec la même facilité qu'on manioit celles des *Liburnes*, où la situation des Rames aprochoit fort de celle où nous les tenons aujourd'huy, au lieu que dans les *Triremes* les Rameurs étant placez sur divers degrez en descendant du *Courcie à la Bande*, il n'étoit pas possible qu'ils pussent *voguer* avec la même force que les Rameurs des *Liburnes*, dont la situation étoit plus horisontale, aussi bien que celle des Rames.

Toutes ces raisons, d'abord après la Bataille Actiaque, firent abandonner l'usage des *Triremes*; mais on ne perdit pas pour cela la maniere dont elles étoient construites: les Constructeurs mettroient aujourd'huy facilement cette ancienne methode en pratique, si celle dont ils se servent n'étoit beaucoup meilleure: il n'y a que les Systemes des Sçavans qui sont un secret pour eux impenetrable & impraticable tout ensemble. Il est vray qu'aucun Constructeur depuis l'abandon des *Triremes* ne s'est avisé de construire de semblables Galeres; on s'est uniquement attaché de siecle en siecle à perfectionner la construction des *Liburnes*: les Constructeurs de Loüis le Grand l'ont encore poussée bien loin; il ne s'agit plus que de les fortifier pour le Combat, afin de les mettre en état d'insulter & d'attaquer, comme elles ont fait autre fois, les plus gros Vaisseaux de Guerre, dont on a triplé & quadruplé l'Artillerie, sans avoir presque rien augmenté à celle des Galeres, ce qui ne seroit pas fort difficile, si l'on vouloit l'entreprendre.

Vous voyez à present, mon cher B. qu'on n'a pas abandonné les *Triremes* parce *qu'avant le dixiéme siecle on ignoroit l'Architecture navale* des anciens, mais parce qu'on a trouvé que la Construction des *Liburnes*, dont on se servoit il y a plus de dix-sept siecles, étoit incomparablement meilleure que celle des *Triremes*. On ne s'est donc apliqué de siecle en siecle qu'à perfectionner celle des *Liburnes*, où sans rien changer aux Rameurs placés, dans les *Triremes* comme dans les *Liburnes*, sur une même Rame, on ne s'est apliqué qu'à perfectionner la situation des Rames que la pente extraordinaire du *Courcie à la Bande* rendoit très-difficiles à mouvoir; on a par ce moyen suprimé les degrez de Rameurs devenus inutiles au mouvement des Rames, à mesure qu'on les a placées plus horisontalement: ce que vous avez vû expliqué en détail & avec précision dans ma description des Rames, à laquelle le R. P. Laval a bien voulu joindre le solide Probleme qui démontre que l'inclinaison qu'on donne aujourd'huy aux Rames est non-seulement superieure à celle des anciens, mais encore la plus propre à diminuer la peine des Rameurs, & à pousser le Bâtiment avec plus de vitesse. Voilà à quoy les Constructeurs sont parvenus de siecle en siecle, sans changer la place des Rameurs qui ont toûjours été mis à une même Rame sur les *Triremes*, aussi bien que sur les *Liburnes*, non-seulement dans les Bâtimens dont les Rames étoient maniées par deux, trois, quatre & cinq Rameurs, qui ont fait dire à Vegece *interdum quinos sortiuntur Remigum gradus*, mais encore dans ceux qui avoient huit, neuf, dix, quinze & vingt Rameurs à chaque Rame. L'Octoreme dont parle Memnon en avoit huit; celle dont Pausanias fait mention dans ses Attiques, en avoit neuf; & dans le Vaisseau de Philopator il y avoit vingt hommes à chaque Rame: je ne sçache aucun Auteur ancien qui ait poussé plus loin le nombre des Rameurs sur une même Rame; il n'y a que les modernes qui, aveuglés de leurs fausses idées, se sont imaginés que les anciens avoient mis trente, quarante & cinquante Rameurs à une même Rame.

Vous avez vû, mon cher B. tout ce que je viens de dire expliqué plus en détail dans mes anciens Memoires, & traité avec autant d'exactitude que d'évidence; ce qui m'oblige de convenir avec l'Auteur des Rampes, que je suis entré jusqu'à des minuties pour les Marins: je n'aurois pas été surpris que ce prolixe détail eût ennuyé les Maîtres de l'Art, mais comme ce n'étoit point pour eux que j'écrivois, & que j'avois principalement en vûë l'instruction des Sçavans denuez de toute pratique, ausquels l'ignorance de diverses minuties a donné lieu d'écrire de très-grandes absurdités, je suis étonné que l'Auteur des Rampes ait trouvé mes Memoires *remplis de lieux communs*; car quoyqu'il adresse cette fausse & présomptueuse pensée à tous les Auteurs des Systemes en general faits sur cette matiere, il est aisé de juger qu'il n'a pû viser qu'à la Dissertation du P. L. qui est imprimée, ou à la mienne qui ne l'est pas, mais qu'il pourroit avoir vûë dans le College de Loüis le Grand, où mon Manuscrit a resté plus d'un an. La raillerie qu'il ne peut apliquer qu'au seul endroit de mes Memoires manuscrits où j'ay dit que j'avois fait *une espece de miracle*, autorise ma conjecture, aussi bien que le faux exposé au raport de Zosime sur le prétendu oubli de la maniere de construire les *Triremes*: deux chefs importans, mon cher B. qui m'ont frapé sans me faire aucun mal. J'auray occasion de les justifier clairement avant que de finir ma Lettre: quoyqu'il en soit *des lieux communs*, ou qu'il n'ait eu en vûë que ma Dissertation en particulier ou celle du P. L. je réponds pour ce qui me regarde,

regarde, qu'il auroit mieux fait de remplir son Systeme de lieux communs, que d'idées vagues qui ne portent sur rien.

J'avoüe pourtant qu'on voit fort clairement par le détail de son Systeme, plus specieux que solide, *qu'il a fait ce qu'il s'est proposé*: il a déterminé la longueur des Rames, leur élevation, le nombre des Rameurs, la maniere dont ils sont disposez sur des Rampes geometriques dans la speculation & le reste: mais il n'est entré dans aucun détail de la Construction du Bâtiment qui doit contenir les Rampes, les Rames & les Rameurs; il n'a rien dit de tout ce qui regarde *l'œuvre-vive* d'une Galere, en quoy consiste ce qu'il y a de plus important dans la maniere de la construire; s'il en avoit au moins donné le Plan, le Profil & les Coupes, les Maîtres de l'Art & les gens de la Profession pourroient en juger eux-mêmes: les Rampes ne leur donnent qu'une idée monstrueuse de son Bâtiment: il paroît aux gens du Mêtier qu'il auroit trois fois plus *d'œuvre-morte* que *d'œuvre vive.*

Il faut en passant expliquer ces deux Termes inconnus aux Sçavans. Sans entrer dans le détail de leur description, je me borne à dire que par *l'œuvre-morte* d'une Galere on entend tout ce qui se voit élevé hors de l'eau, & pour ainsi dire, enté sur la Couverte; & par *œuvre-vive* tout ce qui est dans l'eau. Le Lecteur peut juger sur la seule élevation qu'exigent les Rampes, de la hauteur que doit avoir *l'œuvre morte.* Au regard de *l'œuvre vive* de ce Bâtiment, l'Auteur n'y a pas pensé luy-même; on peut au moins asseurer que son Plan, son Gabary, sa forme ou sa figure ne seroient point conformes à la maniere dont la Galere de Philopator étoit construite, non plus qu'à celle des *Triremes* anciennes, ni à aucune sorte de Bâtiment propre à naviguer.

Il ne faut rien dissimuler: il est vray que l'Auteur des Rampes, sans faire aucune mention de *l'œuvre vive*, a dit en general *que le creux d'un Vaisseau est proportionné à son élevation au dessus de l'eau.* Ce principe, qui frape les Sçavans, paroît chimerique aux gens du Mêtier qui sçavent que la profondeur d'une Galere n'a aucun raport avec son élevation hors de l'eau, déterminée sur un principe plus solide. L'Auteur n'auroit pas dû confondre le creux d'un Vaisseau avec celuy d'une Galere; il auroit aussi dû s'expliquer sur ce qu'il entend par *son élevation au dessus de l'eau*: celle d'une Galere n'a point de proportion avec son creux.

Le Corps de *l'œuvre-vive* qui a sept à huit pieds de profondeur, n'est pas élevé d'un demy-pied au dessus de l'eau, qui entre dans la Galere sur la *Couverte* & sort de même, pour peu que la Mer ait de l'agitation; *l'œuvre-morte* n'est élevée au dessus de la *Couverte* que d'environ quatre pieds. Un Sçavant sans pratique qui voit qu'une Poupe de Galere est beaucoup plus élevée au dessus de l'eau, aussi bien que le Château de Proüe, se recriera contre ces proportions: mais ce n'est pas dequoy il s'agit; la Poupe & les Rambades sont, il est vray, comprises dans *l'œuvre-morte*, mais l'élevation de celle-cy se prend sur l'espace que les Rameurs occupent qu'on appelle la *Vogue*, qui renferme la plus longue partie de *l'œuvre-morte* & la moins élevée, car au milieu de la Galere elle ne s'éleve que de trois pieds & demy.

Dans le Vaisseau de Philopator, dit l'Auteur des Rampes, *le Pont superieur étoit élevé au dessus de l'eau 36. pieds & demy.* Quelle monstrueuse élevation, & qu'elle idée de s'imaginer qu'on puisse mouvoir des Rames placées sur une hauteur aussi énorme, & de les manier avec cinq Rameurs.

Ajoûtez, dit-il ensuite, *huit pieds & demy pour la hauteur des Tours, vous aurez 45. pieds pour l'élevation de l'Avant au dessus de l'eau.* Elevation pour des *Triremes* encore plus monstrueuse que la precedente. Et *suposant*, continuë-t'il, *qu'il tirât 24. pieds d'eau, sa hauteur totale sera de 72. pieds, telle que la fait Athenée pour la Proüe.* Cette suposition arbitraire ne luy a pas permis d'en faire une autre, & de suposer la hauteur de la Poupe qui étoit plus élevée que les Tours, sans doute pour ne pas donner lieu au Lecteur de dire que la plû-part de ses proportions n'ont d'autre regle que sa volonté.

Il faut avoüer que le creux de son Bâtiment est bien proportionné à son élevation: 25. pieds de profondeur & 45. de hauteur au dessus de l'eau; je voudrois bien sçavoir sur quoy il fonde son creux. J'ay lieu de croire que c'est sur celuy du Royal-Loüis qu'il a imaginé sa suposition: quoyqu'il en soit, c'est là une de ses idées du nombre de celles que j'apelle chimeriques, parce qu'il conste aux Constructeurs & à tous les gens de la Profession que sur les *Triremes*, sur les *Liburnes*, aussi bien que sur les Galeres modernes, le creux a toûjours eu environ le triple de leur élevation au dessus de l'eau.

L'Auteur des Rampes est toute fois si satisfait du détail qu'il a donné du Vaisseau de Philopator, qu'il reproche aux Auteurs des autres Systemes de ne l'avoir fait qu'en general. *Si dans chaque Systeme*, dit-il, *l'Auteur vouloit descendre dans un pareil détail, le Lecteur pourroit aisement juger ce qu'il faudroit penser du Systeme; mais il est bien plus aisé de s'en tenir au general, & de remplir une Dissertation de lieux communs, que de determiner la longueur des Rames, leur élevation au dessus de l'eau, le nombre des Rameurs qui se doivent trouver sur la Rame, la maniere dont les Rameurs y sont disposez, l'espace que doit occuper chaque Rame, & le jeu qu'elle doit avoir.*

Il regarde sans doute le profond & très-exact détail dans lequel je suis entré dans mon ancienne & premiere Dissertation, comme *des lieux communs*, parce qu'ils ne sont pas fondez sur des Triangles Rectangles mis hors de place, & sur des Rampes speculatives & arbitraires. Il est vray que je ne me suis point servi de ces moyens: je n'ay fondé tout mon détail que sur les principes & les regles des Maîtres de l'Art, & sur les proportions & mesures prescrites par Athenée, afin de donner une idée de la maniere de construire les *Triremes*, & de celle dont le Vaisseau de Philopator étoit construit. Il est certain que le moindre Constructeur bâtiroit sur mon simple détail une Galere propre à naviguer & à combattre.

En vain prétend-on recuser le témoignage des gens du Mêtier en disant, comme a fait *Ozanam*, *que les gens de Mer ou ceux qui conduisent les Vaisseaux ne sont pas capables d'une grande speculation*; ou en parlant comme l'Auteur des Rampes qui s'est imaginé qu'il ne leur apartient pas de juger de la maniere de construire les anciennes Galeres: *les gens de Mer*, dit-il, *raisonnent des Vaisseaux anciens par comparaison à nos Vaisseaux: quand on parle de rangs de Rameurs les uns au dessus des autres, ils s'imaginent autant de Planchers élevez les uns au dessus des autres, que de rangs de Rames*. Ces imaginations ne partent point des Marins; c'est aux Sçavans sans experience qu'elles apartiennent uniquement: l'Auteur des Rampes luy-même a raisonné des anciennes Galeres par comparaison à nos Vaisseaux, & il a comparé dans son Systeme la Galere de Philopator avec le Royal-Loüis.

Il n'est pas possible que les Marins ayent jamais eu de semblables idées. Comment auroient-ils pû s'imaginer *que les rangs de Rameurs étoient separez par autant de Planchers élevez les uns au dessus des autres, que de rangs de Rames*, puisqu'ils ont au contraire toûjours regardé les divers ordres de Rames élevez les uns au dessus des autres, comme une idée chimerique, impraticable & inutile, parce qu'ils sont convaincus que quand même on parviendroit à mettre en pratique des Bâtimens conformes aux monstrueuses idées des Sçavans, de telles Galeres ne pourroient naviguer ni à la Rame ni à la Voile.

L'aprobation donnée au Systeme des Rampes *par ces personnes si capables d'en juger*, lesquelles après avoir vû le Systeme de l'Auteur *l'ont trouvé très-possible*, cette aprobation, dis-je, ne prouve rien de plus que ce que j'ay cy-devant dit moy-même, que l'Auteur a fait ce qu'il s'est proposé. Pour mettre ces personnes au fait de la dispute & en état de porter avec connoissance de cause un jugement solide sur le détail de l'Auteur, il falloit aussi leur faire lire ma Dissertation & mes Memoires; avec cette précaution aussi importante que necessaire, sans connoître aucune de ces personnes qui ont trouvé le Systeme des Rampes *très-possible*, je me soûmets sans appel à leur jugement, & je m'engage à passer condamnation si, après avoir lû ma Dissertation à tête reposée, ils trouvent qu'elle n'est *remplie que de lieux communs.* Je n'ay eu besoin de consulter personne pour juger à quel Ouvrage l'Auteur des Rampes a apliqué ces paroles : nos Systemes nous font pitié; à son jugement le mien n'est *rempli que de lieux communs :* en lisant cette Lettre, on verra que je suis convaincu que le sien ne contient que des visions & des chimeres.

Le Lecteur pourra en même-tems juger de la validité du reproche de l'Auteur des Rampes, fait à un Officier General qui a dans le service des Galeres du Roy plus de cinquante ans d'experience, qui s'étant constamment apliqué à s'instruire de la Construction & de la Navigation des Galeres, a fait divers Memoires dans lesquels il a non-seulement déterminé tout ce qu'exige fierement l'Auteur des Rampes, mais qui est entré dans un détail cent fois plus profond & plus exact; qui, comme je l'ay dit au P. L. dans mes remarques imprimées, a répondu à toutes les objections faites depuis plus d'un siecle par les défenseurs les plus ingenieux & les plus sçavans, qui ont écrit pour soûtenir le Systeme chimerique des étages : parmy ces objections il s'en trouve plusieurs refutées par avance, que l'Auteur des Rampes vient de repeter; détail enfin clairement démontré sur le Plan, Profil & Coupes de la Galere de Philopator.

Je ne puis trop le redire; je conviens que l'Auteur des Rampes a fait ce qu'il s'est proposé : on voit qu'il a mis 4000. *Rameurs distribuez en 40. rangs élevez les uns au dessus des autres; qu'il a logé trois mille Soldats avec grand nombre de Passagers*, 400. *Matelots, & des Vivres pour nourrir ce monde pendant deux mois.* On voit toutes ces choses, mais on croit qu'il n'y a point de Maçon qui ne trouva le moyen de les placer toutes dans une grande Écurie, ni d'Architecte qui ne les fit voir dans un vaste Amphithéatre : il est encore vray qu'une telle Machine faite de bois floteroit sur l'eau, pourvû qu'elle fût bien *lestée*; mais seroit-elle propre à fendre l'eau ? Sa forme, son Gabari conviendroient-ils à la Navigation ? C'est à quoy on ne s'est point arrêté : on a fait voir ce qu'on s'est proposé, & sans penser si une semblable Machine seroit propre à naviguer, on a crû être en droit d'en tirer cette présomptueuse décision.

Nous avons donc fait voir comment dans le Vaisseau de Philopator il pouvoit se trouver quatre mille Rameurs, distribuez en quarante rangs élevez les uns au dessus des autres, & qui ramassent en en même tems sans s'embarrasser. Les Marins ont fort plaisanté sur cette derniere expression, *ramassent en même tems sans s'embarrasser.* Je n'oserois la faire remarquer, crainte d'être une seconde fois prié de ne point *incidenter* sur les termes : vous avez vû, mon cher B. dans mes anciens Memoires quelle est la capacité des Sçavans au regard des termes, particulierement ceux qui en ont donné les définitions dans leurs Dictionnaires. Je prie l'Auteur des Rampes d'agréer que, sans vouloir *incidenter*, je dise icy que les Officiers de Galere ne connoissent point les termes de *ramer* ni de *ramassent :* ils employent toute fois les termes de *Rame* & de *Rameur* ; celuy-cy pour désigner celuy qui manie une Rame ; l'autre pour nommer ces longues Pieces de Bois dont se servent les Rameurs pour donner du mouvement à une Galere : c'est ce qu'on appelle *voguer*, & jamais *ramer*. Quand on veut commander aux Rameurs de se servir de ces Pieces, on leur dit *vogue* ; *vogue tout avant* ; faites tout *voguer* ; *vogue le Quartier de la droite*, *&c.* mais jamais on ne se sert pour commander la Manœuvre des Rames, des termes *rame* ni *ramer* ; on dit encore moins, qui *ramassent sans s'embarrasser.* Pour ne pas incidenter, je ne me suis point arrêté à divers autres termes impropres, non plus qu'aux expressions, parce que les Sçavans s'en servent sans s'en apercevoir, & qu'ils sont même hors d'état de les comprendre, faute d'experience.

Les Marins, toûjours opiniâtres parce qu'ils n'ont d'autre science que leur pratique, ne veulent pas même convenir que ce grand nombre de *Rameurs élevez les uns au dessus des autres*, puissent voguer en même tems sans *s'embarrasser.* Si l'Auteur des Rampes a trouvé ce moyen, il a fait plus de progrez dans le maniement des Rames, que tous les Constructeurs ensemble n'en ont fait jusqu'à present ; car dans nos Galeres, à moins que la Mer ne soit calme, lorsqu'elle est un peu agitée les Rameurs s'embarrassent quelque-fois, soit par le deffaut d'adresse de celuy qui tient le bout de la Rame & qui en regle le mouvement, soit qu'il soit contrarié par les autres Rameurs ou par l'agitation des Vagues, il est certain que nos Rameurs s'embarrassent quelque-fois. Quelque Sçavant qui croira être mieux instruit de la maniere ancienne de construire que nos Constructeurs modernes, dira hardiment que c'est leur faute, qu'ils n'ont qu'à donner plus de distance d'une Rame à l'autre & les tenir aussi plus élevées au dessus de la surface de l'eau : quoyque les Constructeurs n'ignorent pas ces specieux moyens, ils ne les mettent point en pratique, parce qu'ils ont des principes, des regles & des raisons inconnuës aux Sçavans, qui ne leur permettent pas de donner plus de distance d'une Rame à l'autre, que celle qu'ils ont fixée & déterminée sur la grandeur des hommes qui doivent manier les

Rames ; distance sur laquelle on regle toutes les proportions & mesures de *l'œuvre-morte* d'une Galere, & qui a fait dire à Vitruve *que la proportion d'une Galere se trouve par l'intervale compris entre deux Scaumes : ex inter-scalmio invenitur symmetria Navis ratiocinatio.* Vitruve L. 1. C. 2.

Il est important, mon cher B. de faire remarquer aux Auteurs des nouveaux Systemes que Vitruve vivoit sous le Regne de l'Empereur Auguste, par consequent dans le tems que l'usage des *Liburnes* fut preferé à celuy des *Triremes* qui furent abandonnées d'abord après la Bataille Actiaque : on n'avoit donc pas oublié la methode de les construire ; Vitruve la connoissoit sans doute, puisqu'il dit *que la proportion d'une Galere se trouve par l'intervale compris entre deux Scaumes :* principe sur lequel nos Constructeurs déterminent encore aujourd'huy toutes leurs proportions. Il y a plus de 17. siecles que cet intervale étoit de trois pieds, au raport de Vitruve même ; il a été augmenté de siecle en siecle à mesure qu'on a perfectionné la Construction des Galeres : cet intervale est aujourd'huy fixé à trois pieds, dix pouces, trois lignes. Jugez par là, mon cher B. si l'on ignoroit avant le dixiéme siecle l'Architecture navale des anciens, & si leur construction est un secret qui s'est perdu dans l'abîme des siecles.

Les modernes qui ne sont que Sçavans, n'ont pas fait attention à ce Passage de Vitruve, & ceux qui l'ont faite ne l'ont point compris. Les Constructeurs, qui pour l'ordinaire ne sont pas Sçavans, ne le connoissent que par la tradition de leur pratique : mais Vitruve étoit Sçavant & Architecte tout ensemble, possedant tout ce qui apartient aux Mechaniques : il avoit aussi la connoissance de l'Architecture navale, c'est-à-dire, de la Construction des *Triremes* & des *Liburnes* qui, dans son siecle, étoient les seuls Bâtimens militaires, au lieu que les Sçavans modernes qui ont osé le critiquer, aussi bien que ceux qui ont voulu écrire sur les Galeres, ne sont ni Architectes ni Constructeurs. Vous sçavez qu'il y en a même qui font gloire d'ignorer la Construction des Galeres modernes, & qui ont osé écrire *qu'elle est plû-tôt nuisible qu'utile pour bien juger de celle des anciens :* après un tel aveu, faut-il être surpris si ces Sçavans n'ont enfanté que des visions & des chimeres ?

Je reviens, mon cher B. à la pratique de nos Constructeurs. Après avoir perfectionné le principe fondamental de la Construction d'une Galere ; c'est-à-dire, l'ancien intervale compris d'un *Scaume* à l'autre, ils ont eu la même conduite au regard de l'élevation des Rames & de leur inclinaison ; une longue experience leur ayant fait connoître que la situation horizontale des Rames au dessus de la surface de l'eau, étoit beaucoup meilleure que celle des anciens, dont les Rames dans les *Triremes* formoient au point d'apuy un Angle trop aigu, nos Constructeurs ont diminué de beaucoup l'élevation des Rames, & fixé leur inclinaison de maniere que l'une & l'autre facilite aux Rameurs le moyen de les manier avec le moins de peine qu'il est possible, & d'imprimer en même-tems au Bâtiment la plus grande vitesse qu'il puisse recevoir du mouvement des Rames.

Je doute que l'Auteur des Rampes ait fait ni pû faire ces reflexions: on voit pourtant *qu'il a fait ce qu'il s'est proposé.* On conçoit qu'il a eu l'idée d'un edifice monstrueux; mais on est en même tems convaincu qu'un semblable Bâtiment n'ayant aucune des proportions, regles & mesures convenables, ni le Gabari d'un corps propre à naviguer & à combattre, ne peut avoir aucun raport aux anciennes *Triremes*, non plus qu'avec la Galere de Philopator.

Quelque Critique, mon cher B. & peut-être le Journaliste même, dont j'ay parlé avec ma sincerité ordinaire lorsqu'il s'agit de ce qui regarde les Galeres en particulier & ma Profession en general; ces Critiques diront sans doute que mes écarts sur les nouveaux Systemes n'étoient point necessaires, pour prouver que Mr. de F. a détruit par ces propres paroles son opinion sur la Science speculative de la Guerre. J'en conviens par avance: mais peu m'importe, pourvû que mes Digressions vous réjoüissent aussi bien que les Lecteurs qui liront cette Lettre: n'ambitionnant point le Bonnet de Docteur ni le titre d'Auteur, il est évident que je ne recherche pas l'aprobation du Journaliste; de sorte que sa Critique ne sçauroit me donner aucune inquietude. D'ailleurs je dois vous dire que le plaisir innocent que je me procure en mettant sur le papier toutes les pensées que produit sur le champ la lecture dont je m'amuse, je dois, dis-je, vous dire que ce plaisir contribuë beaucoup à me distraire des vives douleurs que je souffre depuis environ un an dans la basse region de mon Corps. N'est-il pas juste qu'il me soit permis, en laissant un champ libre à la superieure, de passer indifferemment, sans methode & sans ordre, du Livre de Mr. de F. aux Extraits du Journaliste, & de pousser mes Digressions jusqu'aux nouveaux sentimens des trois celebres Sçavans qui viennent de renouveller la dispute sur les *Triremes*, *ou Vaisseaux de Guerre des anciens*?

Cette derniere Digression paroît même necessaire pour ne pas démentir le Journaliste qui, sans mon aveu, a mis l'article suivant à la fin de l'extrait du sentiment du P. L. *Nous aprenons que Mr. de Barras de la Penne, Chef d'Escadre des Galere & Commandant actuellement pour le Roy dans le Port de Marseille, veut bien s'interesser dans la dispute.* Nouvelles Litteraires du mois de Juillet 1722.

Vous sçavez, mon cher B. qu'en 1722. nous avions dans le Port de Marseille des occupations plus serieuses & plus importantes, qui ne nous permettoient pas de lire des Journaux : d'ailleurs l'interruption de tout commerce, par raport à la Contagion, m'avoit ôté en particulier le moyen de les recevoir ; la negligence de mon Libraire a ensuite retardé la coûtume que j'ay toûjours eu de les lire. Vous êties dans mon Cabinet le 2. d'Octobre 1725. lorsque je reçûs tout à la fois les Memoires de Trevoux des années precedentes.

Il est vray qu'en 1720. le R. P. Daniel m'avoit envoyé par la Poste la Dissertation sur les *Triremes* par le P. L. comme je l'ay dit dans mes remarques imprimées : mais au regard des deux nouveaux Auteurs qui sont entrez en lice, & dont les sentimens ont parû dans les Journaux de 1722. ne les ayant reçûs que dans le mois d'Octobre dernier, il n'est pas possible que je puisse avoir eu le dessein *de m'interesser dans leur dispute*, ni la pensée de répondre à leurs sentimens ; elle ne m'est venuë qu'en lisant l'Extrait du Livre de Mr. de F. auquel je reviens sans methode & sans regle.

Je vous ay fait remarquer, mon cher B. que Mr. de F. détruit en sa propre personne l'opinion qu'il a de la Science speculative : il me reste à vous faire voir que ce Sçavant homme de Guerre a contrarié son sentiment par ses propres paroles dans tout son Livre, particulierement dans les trois premiers Chapitres.

Le premier raisonnement qu'il fait pour prouver que la Guerre ne roule pas sur l'experience, démontre ce me semble tout le contraire. *Un Royaume*, dit-il, *aproche de sa décadence, selon le plus ou le moins qu'il se maintiendroit en paix : & si dix ou douze années de repos ou d'inaction luy seroient plus ruineuses que quinze ou vingt années d'une Guerre continuelle*, il s'ensuit que la décadence de ce Royaume ne peut être attribuée qu'au deffaut d'exercice : donc la Guerre n'est pas une Science plus speculative qu'experimentale.

Tout ce que Mr. de F. dit ensuite de la présomption des jeunes gens nouveaux venus, est digne de censure ; mais ce reproche, si juste & si raisonnable, fait en même-tems l'éloge des Officiers experimentés. *Ces jeunes temeraires*, dit Mr. de F. *qui s'en font d'abord tant acroire, sans avoir jamais dormi à l'air d'un Camp, entreroient très-ignorans en Campagne pour en sortir battus & honteux, & n'apprendroient la Guerre qu'aux dépens de leur reputation & de l'Etat, qu'ils laisseroient en proye au Victorieux experimenté qui s'est tenu en haleine dans les Guerres qu'il aura soûtenuës contre d'autres ennemis.* Ce sont les propres termes de Mr. de F. Peut-on rien dire de plus favorable à l'experience ? L'exemple des Hollandois qu'il cite d'abord après ce qu'on vient de lire, & qu'il a

pretendu

prétendu apliquer à la Science ſpeculative, autoriſe au contraire l'exercice de la Guerre.

Ces Peuples engourdis par une longue paix éprouverent dans la fameuſe Guerre de Hollande, les malheurs produits par l'inaction & par le repos. *Ils laiſſerent leurs Etats en proye au Victorieux experimenté.* Peut-on conclurre par cet exemple *que la Guerre eſt une Science plus ſpeculative qu'experimentale* ? Ne pourroit-on point, à ſon imitation, luy demander, *le croyez-vous bien ſerieuſement* vous qui devez tant à vôtre longue experience; vous qui avez écrit *qu'elle donne du jour à un homme de guerre, qu'elle fait qu'il va plus loin par le raiſonnement* ? Ce qui decide le contraire de ſon opinion generale, & qui prouve que l'homme de guerre ſe forme par l'experience, & que la Science le perfectionne. Je dis encore plus; je ſuis perſuadé que la Science ſeule ne ſçauroit jamais former un grand Capitaine, j'entends celle qui ne s'acquiert que par l'étude: une telle Science ſeroit ſterile & ſeche, tant qu'elle ne ſera pas precedée & accompagnée par des œuvres guerrieres, par un exercice penible, & par une aſſiduë & réïterée experience de la Guerre.

Je ne crois pas toutefois que *perſonne s'imagine que la Guerre ſoit une Science purement experimentale, ni qu'elle s'aprenne par routine :* je ſuis même perſuadé que cette opinion eſt un fantôme contre lequel Mr. de F. s'eſt eſcrimé ſans bleſſer perſonne. J'ay peine à penſer qu'aucun Officier ſoit de ce ſentiment, quoyqu'on ſoit perſuadé que ce qu'on appelle Science de la Guerre ne peut s'acquerir que par l'experience que le genie d'un homme de guerre peut perfectionner par la Science ſpeculative: mais celle-cy toute ſeule ne ſçauroit former un homme de guerre, bien loin de donner de grands Capitaines. N'en déplaiſe à ce grand nombre de Sçavans ſans experience, qui s'imaginent que la ſeule Science ſuffit pour faire de grands Generaux, comme ce docile & ſçavant Traducteur de Polybe l'a annoncé au Public en prétendant, ſous l'inſpection de Mr. de F. avec le ſecours de ſon Commentaire, former de grands Capitaines & de parfaits Generaux, ſans ſortir du Cabinet.

Je ne penſe pas que les gens de guerre ſouſcrivent à cette déciſion, ni qu'ils s'imaginent *que la Guerre eſt une Science purement experimentale* : mais on peut dire qu'elle eſt un Art qu'il faut longtems pratiquer pour acquerir la Science de la Guerre; qualité que les genies ſuperieurs peuvent perfectionner par le ſecours de la Science ſpeculative, avec cette difference que ſi l'on pouvoit mettre dans la tête d'un homme denué de toute experience de la Guerre, l'excellent Abregé de Vegece, celuy de Montecuculli, & la Tactique de Mr. de F. quand même cet homme auroit apris par cœur tout ſon Commentaire militaire projeté ſur Polybe, ſi cet homme entroit dans le Service muni de toutes ces Sciences, il ne presenteroit qu'un Novice; & si l'on luy confioit quelque Commandement militaire, il luy arriveroit ce que Mr. de F. a dit *de ces jeunes temeraires qui s'en font d'abord tant accroire, sans avoir jamais dormi à l'air d'un Camp: ce Sçavant entreroit très-ignorant en Campagne, & en sortiroit battu & honteux aux dépens de sa reputation & de la gloire de l'Etat.*

Le Grand Turene a avoüé plusieurs fois, dit en suite Mr. de F. *qu'un sot l'embarrassoit quelque fois plus qu'un habile homme.* Cet aveu de Mr. de Turene ne dit rien de favorable à la Science speculative: il peut se rencontrer parmy les Officiers experimentez des genies bornés capables de faire une sotise; mais parmy les Sçavans sans experience, on n'en trouveroit pas un propre à commander par luy-même un jour de Bataille, parce qu'on ne sçauroit tirer de la Science seule ce qu'on n'a jamais vû ni pratiqué.

Ce n'est point la Science speculative de Mr. de Turene, mais la Science de la Guerre & son genie qui luy ont acquis, avec justice, le titre de Grand General: le nom même de Polybe luy étoit inconnu, au raport de Mr. de F. de sorte que ce n'est point à la Science speculative, plû-tôt qu'à l'experimentale, que ce Grand homme est redevable de sa haute capacité.

J'avoüe, dit Mr. de F. *que cette experience soûtenuë d'une grande valeur est très-redoutable; j'en ay vû des exemples: mais l'une & l'autre ne servent de rien contre un General qui, ayant toutes les deux, ajoûte la capacité qui manque à son ennemy.* Je voudrois bien que l'Auteur eût expliqué ce qu'il entend icy par capacité: s'il veut dire une Science purement speculative, on niera sa conclusion; s'il entend la capacité de la Guerre, personne n'en doute, & ce jugement est très-favorable à l'experience. Il faudra convenir que c'est par elle que les Grands Capitaines ont acquis leur capacité dans l'Art de la Guerre.

Il ne s'agit point de décider *si les Grands Capitaines tirent leur reputation du nombre de leurs victoires.* La décision de l'Auteur ne paroît pas conforme à celle du Public, ni des gens éclairez qu'il fait parler sans les avoir consultés: ces moyens par lesquels il prétend qu'on en doit juger, sont souvent inconnus, même au gros de l'Armée; on ne peut donc en juger que par leurs victoires: c'est par elles que les Grands Capitaines ont de tout tems acquis leur solide reputation. On n'entend dire autre chose; *c'est un Grand homme de guerre qui a fait de grands Exploits, & donné des preuves d'une valeur extraordinaire.* C'est ainsi que le Dictionnaire de l'Academie definit un Grand Capitaine: cette décision est prononcée par la Science même que Mr. de F. ne peut ni ne doit recuser.

Il ne s'agit point non plus d'examiner ſcrupuleuſement *ſi c'eſt par un effet du haſard* qu'on a vaincu, ou par un effet contraire : *quelque fois l'on eſt vaincu après avoir pris les meſures les plus juſtes*, avoüe Mr. de F. qui attribuë même *une grande ſuperiorité au haſard* ſur la Science, auſſi bien que ſur l'experience. Il ne s'agit donc point de toutes ſes recherches hors d'œuvre ; il ſuffit de ſçavoir qu'on ne peut refuſer le titre de Grand Capitaine à celuy qui a remporté un grand nombre de victoires, d'autant mieux que Mr. de F. accoûtumé à ſe contredire, convient luy-même qu'il y en a de ſi grandes & de ſi utiles, qu'une ſeule peut ſuffire pour meriter le titre de Grand Capitaine.

Ce ſeul aveu auroit dû, ce ſemble, l'obliger à parler avantageuſement d'une grande & très-utile victoire qui a decidé de la fortune d'un grand Royaume, de l'honneur du Souverain, & du repos de ſes Sujets ; victoire qui a fait donner au General les glorieux titres de *Vindex & Pacificator*. Cette ſeule victoire, quand elle n'auroit pas été precedée d'un grand nombre d'autres avantages remportés avec effuſion de ſon propre ſang, auroit ſuffi à ce grand homme pour luy acquerir une reputation immortelle, que toute la Theorie des Sçavans ſpeculatifs ne ſçauroit diminuer ni ternir.

J'ay executé, ce me ſemble, mon cher B. ce que je vous ay promis ; je vous ay fait voir que Mr. de F. détruit par ſon exemple & par ſes propres paroles ſon opinion ſur la Science ſpeculative : je veux à preſent le prendre luy-même pour Juge. Je ſupoſe qu'il a acquis, ainſi qu'il le dit luy-même, *dans neuf ou dix ans de Paix toute la Science des Sçavans anciens & modernes*, je le prie de dire naturellement s'il ſeroit venu à bout de faire *un Cours complet de Science militaire, qu'aucun Auteur avant luy n'a entrepris ni oſé entreprendre* : je ſupoſe, ſur ſon raport, qu'il a fait ce qu'il a dit, je le prie, dis-je, de dire s'il en ſeroit venu à bout ſans le ſecours de ſa longue experience qui, ayant precedé ſon étude, l'a inſtruit par pratique de toutes les parties de la Guerre. Son étude, il eſt vray, peut avoir contribué à perfectionner ſes experiences, mais il doit avoüer que ſans elles la Science toute ſeule n'auroit pû y parvenir : il faut donc *enter* la Science ſur l'experience : *donc la Guerre n'eſt pas une Science plus ſpeculative qu'experimentale.*

Il ne ſçauroit détruire cet argument qui, ſemblable *à une Colonne ſerrée ſupreſſée*, *eſt encore redoutable par la force* avec laquelle il renverſe tous les Bataillons de Periodes & de paroles diſperſées dans le corps de ſon Livre, en faveur de la Science contre l'experience ; il ne ſçauroit, dis-je, détruire cet argument invincible qu'en repetant ce qu'il a dit inutilement contre l'éclatant & ſolide uſage de la Colonne dans une affaire décisive arrivée de nos jours. Répondra-t'il *que cette Colonne ne luy semble pas fort bonne, qu'il y trouve au contraire une infinité de deffauts, & qu'elle est par consequent mauvaise dans l'aplication*, malgré les grands avantages qu'elle a produits ? Et quoyqu'elle soit bonne dans le raisonnement que j'en fais icy, il s'obstinera sans doute à preferer sa maniere de combattre avec plusieurs Bataillons de Periodes épars çà & là & à differentes reprises, selon l'usage pratiqué dans tout son Livre; il dira peut-être que ces Bataillons se suivant les uns les autres, sans ordre, sans discipline & sans Chef, se rendront maîtres de divers postes, de sorte qu'ils occuperont beaucoup de terrain, au lieu que la Colonne serrée ne sçauroit remplir qu'un petit espace.

Que dira-t'il, encore une fois, pour conserver l'avantage qu'il veut en toutes manieres donner à la Science speculative contre l'experience de tous les gens de guerre ? Prendra-t'il le parti de dire qu'il a oublié en neuf ou dix ans de Paix & d'étude toutes ses connoissances acquises par l'experience de deux longues Guerres fecondes en évenemens ? Luy seroit-il arrivé ce qu'il dit *de ces vieux Officiers qui, après quinze années de repos, oublient tout ce qu'ils ont apris dans la Guerre après vingt ans de service ?* Il est vray qu'on pourroit attaquer de front le Bataillon par lequel il ferme le Corps de cette suposition : voicy sa conclusion. *Qui peut disconvenir que l'experience ne se perde & ne s'oublie par le deffaut d'exercice* ? Oserois-je luy soûtenir le contraire, & luy faire remarquer le faux de son raisonnement, en luy disant que les connoissances de la Guerre dans les Officiers, acquises par leur propre experience, ne se perdent jamais par le deffaut d'exercice, quoyqu'il soit vray qu'une longue Paix pourroit détruire dans une Nation entiere, long tems oisive, la capacité militaire qu'un Officier ne peut avoir sans experience : mais il ne s'ensuit pas que des Officiers qui ont servi pendant long tems, oublient dans la Paix tout ce qu'ils ont apris dans la Guerre. Les Princes & les Ministres les plus éclairez sont si persuadez que *l'experience ne se perd point & ne s'oublie pas par le deffaut d'exercice*, qu'après une longue Paix, quand il faut lever de nouvelles Troupes, ils preferent avec soin les Officiers experimentez, à la Noblesse qui n'a jamais vû la Guerre.

Tout ce que Mr. de F. dit de l'excellence des Loix militaires est encore très-favorable à l'experience, à laquelle ces Loix doivent leur perfection, quoyqu'après Vegece il l'atribuë *à une inspiration divine*. Si les Romains doivent uniquement leur élevation & leur gloire à la Discipline militaire, où peut-on mieux l'aprendre que dans le Service ? N'est-ce pas par une longue experience d'attaques ou de défenses, de Retranchemens, de marches frequentes, de passages de de Rivieres, de retraites, de Campemens, de Combats, de Sieges & de Batailles qu'on aprend cette importante Discipline, & qu'on la perfectionne par les reflexions, l'étude, la Science & le genie?

On convient que la puissance des Grecs & des Romains a décliné peu à peu en laissant déperir l'usage de cette Discipline, & c'est avec beaucoup de raison que Mr. de F. attribuë leur décadence, aussi bien que celle de plusieurs autres grands Empires, au deffaut de cette Discipline militaire dont, sans perdre les Loix, ils ont negligé & discontinué l'exercice : rien ne contribuë tant, non-seulement à la perte des grands Empires, mais encore à celle de tous les Corps en particulier, que le deffaut de Discipline militaire; mais on ne peut l'aprendre ni la conserver par la seule Science : ce n'est que par un usage constant & rigide qu'on la perpetuë.

Je serois curieux, mon cher B. de sçavoir ce que Mr. de F. a écrit touchant les Batailles navales & sur les évolutions maritimes: ayant servi toute sa vie par Terre, il ne sçauroit avoir sur Mer une grande experience, à laquelle il aura sans difficulté preferé la Science du Cabinet. Les Auteurs anciens qui ont écrit sur ce sujet, non plus que les modernes, ne luy seront pas d'un grand secours : Polybe luy-même démontre dans son Histoire que les anciens n'étoient pas fort habiles dans la Navigation, soit en ce qui regarde la Construction des Bâtimens, leur methode dans les Combats, & leur capacité pour les conduire. Je serois, dis-je, fort curieux de voir ce que Mr. de F. a écrit sur ces matieres : je juge qu'il se sera surpassé par un trait que j'ay vû dans la Preface, lequel me paroît très-favorable à montrer que la Science est fort inutile pour bien parler d'une Profession dont on n'a point d'experience. Voici le trait dont je veux parler, qu'on peut voir dans sa Preface, page 44.

Rien n'ennuye & ne lasse plus que de marcher dans un Pays où le terrain est toûjours le même, & où l'on voit sans cesse les mêmes objets. Je crois qu'on mourroit d'ennuy sur Mer, si l'on ne voyoit de tems en tems des Poissons & des Oiseaux de differente espece, & si les Vents ne nous obligeoient quelque-fois de relâcher aux endroits où nous n'avons pas dessein d'aller, qui ne laissent pas de nous plaire & de nous delasser des fatigues du voyage.

Ce trait singulier a augmenté la curiosité que j'aurois de voir ce que ce Sçavant homme a écrit sur cette matiere. Je juge que faute d'experience il aura bien de la peine à se garantir du naufrage ordinaire à tous les Sçavans speculatifs. Je ne m'arrête point au trait que je viens de raporter; ceux qui comme luy manquent d'experience, l'aplaudiront sans doute : mais je suis persuadé que tous les Marins en riront.

Encore un mot, mon cher B. sur la Science speculative. Il faut que par cette Science inconnuë Mr. de F. entende quelqu'autre Science que celle qu'on peut acquerir par l'étude. Le moyen de s'en instruire par la lecture des Livres, *il n'y en a pas un seul qui en ait traité avec methode ? Cette Science*, dit-il, *ne se voit pas dans nos Abreviateurs militaires*. Ce n'est pas non plus la Science de la Guerre, car à l'entendre parler *on ne voit plus de Grands Capitaines; c'est une espece de prodige, des hommes extraordinaires qu'on voit à peine dans l'espace de plusieurs siecles :* mais *une Science qu'on trouvera dans son Ouvrage*.

Si j'avois vû *celuy qui s'est répandu dans le Public en manuscrit assez imparfait*, dit-il, *où il combat l'erreur de l'experience*, j'y aurois peut-être trouvé quelque idée de cette Science inconnuë : je ne sçais si j'aurois pû luy donner *de bonnes raisons* pour deffendre l'experience. En attandant que cet Ouvrage ait vû le jour, il ne peut refuser de recevoir pour de bonnes raisons celles que je viens de vous faire remarquer ; tirées de ses propres paroles, & autorisées par son exemple. Il ne pourra pas répondre *que je n'en allegue aucune*. Ne feroit-on point en droit de dire qu'il a fait par avance ce qu'il promet à la fin de son second Chapitre? *Il ne dépendra pas de moy*, dit-il, *que je ne fasse voir, autrement que par des raisons, la verité de ce que j'avance : mais avant que de decider absolument sur cette question, il faut que mon Ouvrage paroisse au grand jour; chacun pourra juger alors si je m'en suis bien ou mal tiré, & si la Guerre est une Science ou un Métier : c'est le grand moyen de la décision.*

Si par malheur ce grand Ouvrage promis depuis quelques années ne paroît point, on ne pourra donc pas decider cette question : il ne sera pas permis de dire que la Guerre est pour les Officiers un Art militaire ou une Profession guerriere, qu'elle est un Métier pour les Soldats, & une Science militaire pour les Generaux & pour les Grands Capitaines. Le Public a grand tort de n'avoir pas voulu contribuer à l'Impression de ce Livre, sans lequel on ne sçauroit former de Grands Capitaines, ni s'instruire d'une Science que personne ne connoît aujourd'huy, parce que *personne n'entend la Guerre* qu'on ne peut aprendre que par le moyen du Cours militaire de Mr. de F. *Il n'y a point de Livre où l'on puisse la puiser* : il défie *de trouver un seul Auteur qui ait tiré la Guerre de ses veritables principes. Il n'y en a pas un seul qui ait traité de la Tactique avec methode, qui l'ait même effleurée.*

Il faudroit, dit-il à la fin du sixiéme Chapitre, pour faire un Ouvrage comme celuy qu'il promet, *il faudroit un homme de guerre d'une capacité consommée. . . . Mais où trouver cet homme de guerre qui voulût s'embarquer dans un dessein de cette nature ? . . Un autre plus Sçavant, mais sans aucune connoissance de la Guer-*

re, oseroit-il se promettre de réussir ? Je ne sçaurois me le persuader. Ne seroit-il pas à craindre qu'il ne fit quelque masse brute, quelque assemblage ridicule qui l'exposeroit à la risée de ses Lecteurs? En verité, mon cher B. ce seroit une grande perte pour le Public s'il étoit privé de ce grand Ouvrage, sans quoy il ne faut pas s'attendre à voir jamais l'execution de l'idée que je viens de raporter.

Après tout ce que vous venez de lire, vous ne serez pas surpris, mon cher B. qu'un Auteur qui se contrarie luy-même contredise les anciens & les modernes, les Sçavans & les Officiers, & qu'il se cabre contre ses Lecteurs avant même qu'ils ayent lû son Livre. En attendant que l'Impression de ce grand Ouvrage mette *le Public en état de decider si la Guerre est une Science ou un Métier*, j'espere que vous serez convaincu que *l'erreur de ceux qui s'imaginent que la Guerre ne s'aprend que par routine*, est un vray fantôme, & que c'est une veritable erreur de soûtenir *que la Guerre est une Science plus speculative qu'experimentale.*

Les reflexions, mon cher B. que vous venez de lire sur le Livre de Mr. de F. ne regardent point son Commentaire entrepris sur Polybe. Le Traité de la Colonne & la Dissertation qu'il en a détaché font au contraire entrevoir le merite du Commentaire & la capacité de l'Officier; il a grand tort de le qualifier luy-même de *Paradoxe militaire.* Les deux Détachemens qu'il a fait du Corps de son Ouvrage, montrent qu'il est homme de guerre experimenté, & très-capable de bien écrire sur tout ce qui apartient à sa Profession. S'il eût suprimé le mépris qu'il a témoigné avoir pour ses Lecteurs, les injures dont il regale les Sçavans en general & en particulier, aussi bien que le peu d'estime qu'il a pour les gens de guerre anciens & modernes; s'il n'avoit pas enfin dit & redit que personne aujourd'huy n'entend la Guerre, & qu'elle est une Science plus speculative qu'experimentale, il y a lieu de croire que le Public, les Sçavans, les Officiers & les Generaux auroient eux-mêmes souhaité l'Impression de son Commentaire sur Polybe, & l'auroient attendu avec quelque impatience.

Si la longueur d'une Lettre pouvoit faire plaisir, j'aurois lieu de bien augurer de celle-cy: vous devez pourtant, mon cher B. être content de moy, puisque j'ay fait beaucoup plus que ce que vous m'avez demandé. Je finis cette Lettre le dernier jour de l'année, je vous souhaite la prochaine aussi sainte & aussi heureuse que pour moy-même.

Je ne puis vous rien dire de positif sur l'état de ma santé: vous sçavez que j'ay passé presque toute l'année dans les plus vives douleurs, je la finis sans en être entierement délivré, mais elles sont suportables & ne sont pas continuelles: je ne sçaurois pourtant marcher dans ma Chambre qu'avec beaucoup de peine; j'agiray dehors quand il plaira à Dieu. Je me porte d'ailleurs assés bien : j'ay bon appetit; je trouve du goût à ce que je mange; je ne soupe point; je ne bois que de l'eau rougie; je dors assés pour un homme de mon âge; je suis plus vif que je ne l'étois à trente ans : vous en jugerez par les vivacités de mes pensées & de mes expressions, dont quelques-unes me paroissent un peu trop fortes, mais je trouve qu'elles sont necessaires. Vous sçavez que la moderation & la politesse de mes remarques imprimées n'ont servi qu'à augmenter la présomption du P. Languedoc touchant nos sentimens sur les *Triremes* : vous avez vû dans cette Lettre le mépris qu'a sur cette matiere le P. la Maugeraye pour tous ses adversaires, & pour moy en particulier, qu'il ne connoît que par rapport à mes remarques imprimées qui l'ont porté à me mordre furtivement. Ces raisons m'autorisent, ce me semble, à laisser un champ libre à ma vivacité : je vous laisse toutefois le maître d'effacer tout ce que vous jugerez à propos, parce que je suis déterminé à faire imprimer cette Lettre.

Je vous embrasse, MON CHER BAILLY, bien tendrement, & je suis, &c.

DE BARRAS DE LA PENNE.

EXPLICATION
DES
PLAN, PROFIL ET COUPES
DE LA GALERE
DE PHILOPATOR,

LES Desseins de la fameuse Galere de Philopator, ont été faits sur la Description d'Athenée, Livre 5. du premier Livre de Callixene, raportée par Plutarque, dont voicy la Traduction Françoise faite sur la Latine de Bayf.

PHILOPATOR fit construire un Vaisseau de quarante ordres, long de 280. coudées, large de 38. d'un Bord à l'autre. Sa hauteur jusques à ce qu'on nom-

QUadraginta ordinum Navem construxit Philopator, quæ in longitudinem haberet 280. cubitos, octo autem & triginta in latitudinem ab aditu in aditum,

moit *Acrostolium*, étoit de 48. coudées, & de 53. depuis le dessus de la Poupe jusques à cette Partie que la Mer baigne (que nous appellons Ligne de l'eau.)

Ce Bâtiment avoit quatre Timons de 30. coudées de long. Les Rames des *Thranites*, qui étoient les plus longues, avoient 38. coudées. Pour donner un équilibre à la Partie interieure de ces Rames, & les rendre plus faciles à *voguer*, on les avoit laissées plus épaisses de bois, & on avoit mis du Plomb à leur Genoux. Cette Galere avoit une double Proüe, une double Poupe & sept Becs, un desquels étoit plus grand & les autres plus courts & plus petits; quelques-uns étoient placez aux endroits que l'on nommoit *Epotides*. Elle avoit douze *Enceintes*, chacune de six cens coudées. La Symmetrie de ce Vaisseau étoit parfaitement belle, & ses Ornemens admirables. Il y avoit à Poupe & à Proüe des figures d'Animaux, dont les moindres avoient douze coudées, & par tout on voyoit quantité de belles Peintures. Tout ce Bâtiment, depuis la Partie où les Rames étoient placées jusques à la Quille, étoit orné de Sculpture où étoient representées des demy-Piques entourées de toute sorte de Feüilles de Lierre. Les Agrez étoient aussi d'une grande magnificence. Quand on vouloit armer cette Galere, on y mettoit plus de quatre mille Rameurs, & quatre cens hommes destinés à diverses Manoeuvres.

in altitudinem autem usque ad summitatem & oram Navis, quod Acrostolium *dicunt*, 48. *cubitos habebat. A summitate autem extremâ Puppis ad eam partem quæ alluitur, tres & quinquaginta cubitos. Gubernacula autem habebat quatuor, singula in longitudinem triginta cubitorum, Remos verò longiores, quos* Thraniticos *vocant*, 38. *cubitorum: qui propterea, quod Plumbum haberent in Capulis, & quòd ad interiorem partem graviores essent libramento usui habiles ad remigandum erant. Fuit præterea duplici Prorâ, duplici Puppe; Rostraque septem habebat, quorum unum quidem extabat, quædam autem contractiora erant, minoraque, nonnulla verò ad* Epotides *erant collocata.* Zonas *autem perpetuas habuit duodecim, quarum quæque sexcentorum erat cubitorum. Erat autem mira & egregia Symmetria: admirabilis præterea & alius Navis ornatus, ad cujus Proram & Puppim erant expressa Animalia, non minora duodecim cubitorum, & in omni parte multiplici ceræ Pictura variegabatur. Tota verò ab eâ parte quâ Remi collocati erant, usque ad Carinam ipsam in ambitu Thyrsos habebat, cum perpetuis hederæ foliis; multus autem erat & armamentorum ornatus quibus instruebantur partes ut quæque eis indigebant. Cùm autem experimenti causâ deduceretur, suscepit Remiges plures quatuor millibus, ad reliqua autem Ministeria quadringentos.*

FIGURE PREMIERE.

PLAN GEOMETRAL DE LA GALERE DE PHILOPATOR.

A B . . . LOngueur de la Galere, 280. coudées, qui font quatre cens vingt pieds.

D D . . . Largeur d'un Bord à l'autre, 38. coudées ou cinquante-ſept pieds.

C D . . . Ordre des Thranites, composé de quarante Rames de chaque côté.

D E . . . Ordre des Zygites, composé de 30. Rames.

E F. . . . Ordre des Thalamites, 30. Rames auſſi : de ſorte que ces trois Ordres contiennent cent Rames de chaque côté ſur la longueur du Bâtiment.

CD. DE. EF. Eſpaces des trois Ordres precedens qui renferment le lieu que nous appellons aujourd'huy *la Vogue*. Ces trois eſpaces ſont diviſez en cent deux parties ; ſçavoir, cent pour les eſpaces de cent Rames ou de cent Bancs, à raiſon de trois pieds pour chaque eſpace ; & deux parties de cinq pieds chacune pour les intervalles qui ſeparent les Ordres, ce qui produit en tout trois cens dix pieds.

D D. E E. Intervalles de cinq pieds chacun dont on vient de parler.

A L . . . Eſpace de l'Arriere où eſt la Poupe, cinquante pieds.

B L . . . Eſpace de l'Avant où ſont les Tours, ſoixante pieds, ce qui produit en tout la longueur déterminée de quatre cens vingt pieds, ou deux cens quatre-vingt coudées.

I . . . . Place de l'Arbre. *Malus.*

a a . . . . Courcie, *Cataſtroma*, au milieu de la longueur de la Vogue.

C F. C F. Couroir, *Cataſtroma*, ſur les Bords de la Galere de Poupe à Proüe.

B . . . . . Eperon ou Bec, *Roſtrum præcipuum.*

O O . . . Défenſes de la Proüe, *Roſtra.* On lit dans Athenée que cette Galere a eu ſept Becs ; *ſeptem Roſtra habuit*, un plus conſiderable que les autres qui étoient plus petits & plus courts, dont quelques-uns ſortoient de ces parties de l'Avant qu'on nommoit *Epotides*. Il seroit difficile de décider ce qu'on doit entendre par le mot Grec *Epotides*. Bayf a crû que cette partie étoit placée de chaque côté du principal Bec, c'est-à-dire, du *Rostrum præcipuum*: il dit que le terme Grec *Epotides* n'a point de nom Latin qui luy réponde. Si l'on peut compter sur la conjecture de Bayf, on pourroit penser que les deux parties d'une Galere nommées par les Grecs *Epotides*, répondent à celles que nous appellons aujourd'huy *Parassartis*, qui sont placées & élevées à droite & à gauche de l'Arriere de *l'Eperon* d'une Galere, partie tout-à-fait conforme à celle que les anciens nommoient *Rostrum præcipuum*. Les *Parassartis* forment les deux côtés exterieurs de nos *Rambades*, & celles-cy servent de Planchers à ce que nous appellons *Château de Proüe*; place où l'on élevoit les Tours des anciennes *Triremes*. Les deux espaces nommés *Connilles*, se trouvent directement sous la *Rambade*: c'est dans ces *Connilles* que l'on tient les Ancres & les Canons qu'on a substitué à ce que les anciens appelloient *Rostra*.

L'Eperon d'une Galere sert encore aujourd'huy au même usage que servoit anciennement le *Rostrum præcipuum* dont il fait l'office, avec cette difference qu'en *abordant* un Bâtiment on n'a pas pour objet celuy de le couler bas, on ne pense qu'à *l'aborder* pour pouvoir *l'acrocher* & le combattre. Une Galere qui enfonce son *Eperon* dans un Vaisseau, est elle-même en danger de couler bas; ce dont on a eu de nos jours un funeste exemple: la *Capitane* de Malte ayant imprudemment *abordé* à pleines Voiles un Vaisseau Turc, s'entrouvrit & coula bas en moins d'un quart d'heure.

C N . . . Vingt Rameurs à chaque Rame qui forment sur la moitié de la largeur de ce Bâtiment vingt degrez de Rameurs placés en descendant *à Catastromate ad foros Navis*; c'est-à-dire, du *Courcie à la Bande*, & quarante degrez dans toute sa largeur C N. G C. qui ont donné lieu à Athenée de dire que Philopator avoit construit une Galere à quarante ordres ou degrez de Rameurs. Si l'on veut considerer ces Rameurs uniquement sur la longueur C D. de l'ordre des *Thranites* & sur toute sa largeur C C. on y verra quarante rangs ou degrez de Rameurs, & 40. Files. Mais si l'on veut compter tous les Rameurs des trois otdres C D. E F. de Poupe à Proüe, & ceux de toute sa largeur C C. D D. F F. on trouvera quarante Files de de Rameurs de cent hommes chacune, sur toute la longueur de la *Vogue*, & cent rangs ou degrez de quarante Rameurs chacun sur toute la largeur de la Galere, ce qui fait le nombre de quatre mille Rameurs dont ce Bâtiment étoit armé, au raport d'Athenée après Callixene.

FIGURE DEUXIEME.

PROFIL
DE LA GALERE
DE PHILOPATOR.

A . . . . THrône. *Thranus* ou *Thranos*. Aujourd'huy Poupe.

B . . . . . Anneau. *Anserculus*. On met en cette place sur les Galeres modernes une Figure qui fait allusion au nom particulier d'une Galere.

C . . . . . *Acroteria*, ou *Aplustre*. C'est en cet endroit qu'on met une piece de Bois longue & épaisse appellée *Fleche*.

D D . . . Timons. *Gubernacula*, deux de chaque côté.

E . . . . . Quille. *Carina*.

F F. . . . Ligne de l'Eau.

G G . . . Tours. *Turres*. C'est aujourd'huy la place des Rambades & du Château de Proüe.

H. . . . . *Stolus*. Ce qu'on nommoit *Acrostolium* étoit placé au dessus.

I . . . . . *Oculus*, *vel Scutulum*, œil ou ouverture par où le *Proreta* faisoit la garde à Proüe.

L. . . . . *Rostra*. Deffenses de la Proüe.

M . . . . *Rostrum præcipuum*. Eperon ou Bec.

N O . . . *Catastroma Puppis*. Couroir de la Poupe & le long des Bords de l'Ordre des *Thranites*. Il ne se voit pas, étant derriere & au bas du Treillissage où se tenoient les Soldats pour combattre, tout le long des Bords du Bâtiment de Poupe à Proüe. Voyez ce Chemin marqué sur les Bords du Plan Geometral de Poupe à Proüe: on le nomme aujourd'huy *Couroir*, il est occupé par les Soldats.

O N . . . *Peritoneum*. Filarets.

P . . . . . *Malus*. Arbre, ou Mât.

Q Q. . . *Alveus*. Corps du Navire.
R R . . . *Remi*, *vel Remiges*. Rames.
X X . . . Hauteur de la Galere depuis la Quille jusques à l'endroit nommé *Acrostolium*, 48. coudées ou soixante-douze pieds.
C Z . . . Hauteur de la Galere à Poupe, depuis son sommet jusques à la Ligne de l'eau, cinquante-trois coudées ou soixante-dix-neuf pieds & demy.
S S . . . . *Ordo Superior*. Ordre des *Thranites*, Rameurs qui manioient les plus longues Rames.
T T. . . . *Ordo medius*. Ordre des *Zygites*, Rameurs qui voguoient au milieu de la longueur du Bâtiment dans la partie la plus basse du Vaisseau, mais non pas dans l'endroit le plus bas des Rameurs.
V V. . . . *Ordo inferior*. Ordre des *Thalamites*, les plus bas Rameurs qui manioient les plus courtes Rames, & les plus proches de la Mer.

FIGURE TROISIEME.

COUPE
DE L'ORDRE
DES THRANITES.

H. . . . C*arina*. *Quille*.
G. . . . . Dedans de la Poupe.
I G. . . . Largeur de la Galere, 38. coudées ou 57. pieds.
I. . . . . . *Catastroma*. Couroir de la droite.
G. . . . . *Catastroma*. Couroir de la Gauche.
L M.. . . Rangs, ou Degrez de Rameurs.
N. . . . . Ligne de l'eau.
P.. . . . . Courcie, anciennement *Catastroma*.
O Q. . . Pont, ou Couverte des *Thranites*.
O N. . . Distance de la Couverte à la Ligne de l'eau, treize pieds.
L D. . . . Rame des *Thranites*, trente-huit coudées, ou cinquante-sept pieds.

L M. . . . Vingt Rameurs appellés *Thranites*, placés en vingt degrez du Courcie à la Bande droite, *à Catastromate ad foros Navis*; & autant à la gauche en descendant, qui forment sur toute la largeur de la Galere un rang de 40. hommes, & 40. degrez de Rameurs. La Ligne qu'occupent vingt Rameurs de L. en M. a 30. pieds de longueur; ce qui suffit pour placer vingt Rameurs. Les Bancs sur lesquels sont assis aujourd'huy cinq & six Rameurs sur les Galeres ordinaires, n'ont que sept pieds de longueur.

D O N. . Angle de 45. degrez que forme la Rame des *Thranites* au point d'appuy lorsqu'elle frape la Mer, comme Fabrety l'a supose.

V V. . . . Filarets, ou Garde-fou des Couroirs.

X X. . . . Espaces au dessus de la Quille au fonds du Bâtiment, où l'on met la *Saurre* & tout ce qui sert à composer son *Lest*.

FIGURE 4. Coupe de l'Ordre des *Zygites*.

FIGURE 5. Coupe de l'Ordre des *Thalamites*.

Ces deux Ordres sont moins élevés que celuy des *Thranites*. Les Rames y sont par consequent plus courtes à proportion; la descente des Rameurs n'est pas si droite, mais il y en a vingt à chaque Rame.

Je dois faire observer au Lecteur une chose assés singuliere au sujet des Desseins dont je viens de parler. Après que j'eus tracé le Plan Geometral sur les proportions d'Athenée, par où tous ceux qui entendent le Dessein sçavent qu'on doit commencer, j'élevay en suite le Profil, & j'achevay mon Ouvrage par les Coupes des trois Ordres de Rameurs. Ce que je trouve donc de singulier, est qu'après avoir fait la Coupe de l'Ordre des *Thranites*, je mesuray la longueur d'une de leurs Rames, que je trouvay précisement avoir 57. pieds; longueur que les Rames des *Thranites* avoient, au rapport d'Athenée, comme on peut voir Figure 3. du point L. au point D. ce qui me paroît une Démonstration non-seulement favorable à la methode dont je me suis servi, mais encore très-propre à détruire l'opinion chimerique des Ordres élevez l'un au dessus de l'autre. C'est cette circonstance qui m'a fait dire dans mes remarques sur la Dissertation des *Triremes* du P. de Languedoc, que j'avois fait *une espece de miracle* : pensée qui a donné lieu au P. de la Maugeraye de faire la raillerie dont j'ay parlé en refutant son chimerique Systeme des Rampes.

Je n'aurois pas fait attention à cette circonstance, si elle n'eût été precedée d'une infinité d'autres preuves qui détruisent sans replique les absurdes idées des Sçavans sur cette matiere, qu'ils ne pourront jamais comprendre sans le secours de la pratique. N'est-il pas évident que son seul deffaut leur a fait prendre des degrez de Rameurs pour des ordres de Rames, dans les tems mêmes qu'il ne s'agissoit plus de ces prétendus ordres? Il n'est pas moins constant que tous les Sçavans réünis & denués de toute pratique, n'ont pû se former une juste idée de l'espace qu'enferme ce qu'on appelle *la Vogue* d'une Galere, espace entierement rempli & occupé en long & en large par les Bancs, les Rames & les Rameurs, &c. Il n'est pas moins certain que les Sçavans n'ont pas connu ni compris le principe fondamental de la Construction d'une Galere, énoncé par Vitruve en ces termes: *Ex inter-scalmio invenitur symmetriæ Navis ratiocinatio.* Il est en un mot plus clair que le jour, que le seul deffaut des connoissances pratiques a produit sur cette matiere toutes les fausses & absurdes idées des Sçavans.

En vain me répondroit-on, après le R. Pere de Languedoc: *mais, Monsieur, ne pourroit-on point douter si cette connoissance pratique de la Construction des Galeres modernes est aussi necessaire que vous le supposez, pour se former une idée assez juste des Bâtimens anciens? Ne seroit-il pas même peut-être aussi dangereux de vouloir juger des anciens Vaisseaux par rapport à nos Galeres, que d'en vouloir juger par rapport à nos Vaisseaux de Haut-Bord? Bien de raisons pourroient persuader qu'ils differoient presque également des uns & des autres.*

Il est étonnant de voir des Jesuites condamner la pratique avec si peu de ménagement; eux sur tout qui ne sont pas du nombre des Sçavans que St. Paul blâme sur ce *qu'ils n'établissent le Royaume de Dieu que dans les paroles & dans les discours.* Il est constant qu'il suffit d'être de la Compagnie de Jesus, pour ne pas devoir craindre ce reproche: les œuvres, beaucoup plus que les paroles & les discours de tous les sujets dont elle est composée, font trop d'éclat dans les quatre parties du monde, & la Religion Catholique y fait tant de progrés, qu'on ne sçauroit ignorer que cette celebre Compagnie agit en tous lieux par ses œuvres autant & plus que par son Sçavoir; d'où je conclus qu'il n'y a aucun Jesuite qui ne sçache mieux que moy que les plus grandes lumieres sont steriles, si elles ne sont soûtenuës par la pratique. Pourquoy donc, au regard de nôtre dispute, ces Sçavans Religieux sont-ils si dissemblables à eux-mêmes? Pourquoy ne veulent-ils pas joindre la pratique à la Science sur un sujet mécanique, où celle-cy sans l'autre ne sçauroit les guider?

On vient de voir dans ma Lettre Critique qu'il y a tant de rapport entre la Construction des Galeres anciennes & celle des modernes,

dernes, & tant de parties qui ne different entr'elles que par la perfection qu'elles ont acquis peu à peu & de siecle en siecle, qu'on sera forcé d'avoüer que la connoissance des Galeres modernes est absolument necessaire pour juger de la maniere dont les anciennes étoient construites: de sorte que je n'ay pas lieu de craindre qu'on s'avise encore de me répondre, *le ton sur lequel vous le prenez, & la pratique que vous exigez dans tous ceux qui veulent se mêler de traiter de cette matiere, me font tomber la plume des mains, & ne vous laissent pour Juges ni pour Critiques que les personnes de vôtre Profession.*

Quoyque le témoignage de plusieurs Sçavans, détrompés par la seule lecture de mes Memoires, soit assés grand pour avoir augmenté le nombre de mes Juges, je prie le R. P. de Languedoc de me répondre sincerement & sans prévention à l'Argument suivant, que je fais à son imitation sur une matiere qui n'est point de ma competance. Suposons que je me sois ingeré d'écrire contre le sentiment de ce Sçavant Jesuite sur les matieres de la Grace, & qu'après luy avoir débité, avec un ton de Maître, des absurdes & fausses idées, & que ne pouvant les justifier par aucune bonne raison je m'avisasse de luy dire; *mais*, mon R. P. *le ton sur lequel vous le prenez, & la qualité de Theologien que vous exigez dans tous ceux qui veulent se mêler de traiter de la Grace, me font tomber la plume des mains, & ne vous laissent pour Juges ni pour Critiques que les personnes de vôtre Profession*: je prie, dis-je, ce Sçavant Theologien d'avoir la bonté de me dire s'il se payeroit d'un aussi foible Argument. Le Lecteur jugera par ce seul parallele de la validité du sien, prononcé contre l'opinion experimentale que je soûtiens touchant la Construction des anciennes *Triremes*; matiere infiniment plus claire que les misteres impenetrables de la Grace.

Le Plan, le Profil & les Coupes de la Galere de Philopator démontrent clairement.

1°. Que les Rameurs ne peuvent être placés autrement qu'en descendant le long de la Ligne P M. Figure 3. du Courcie à la Bande, *à Catastromate ad foros Navis.*

2°. Que la Partie interieure des Rames M L. n'a pas assés de longueur, & par consequent d'élevation, pour pouvoir y établir divers ordres de Rames élevés l'un sur l'autre; d'où il resulte que ces prétendus ordres ne désignent que des degrez de Rameurs, & qu'il faut entendre par le terme d'*ordinum*, des rangs ou degrez de Rameurs & non pas de Rames.

3°. Que cela ne peut avoir été autrement pratiqué par rapport à l'Angle que faisoient les Rames au point d'apuy, de quarante-cinq degrez, au rapport de Fabretti; Angle aigu qu'exigeoit la trop grande inclinaison des Rames dans les Galeres des anciens.

Au reste on ne doit pas trouver étrange si je ne me suis pas assujetti à faire une double Poupe ni une double Proüe, & si j'ay négligé les Ornemens & les Figures : comme ces choses n'ont aucun rapport à l'état de la question, je n'ay pas crû qu'il fût necessaire de m'y attacher. Je conviens en cecy, avec le R. P. de Languedoc, que la connoissance pratique de la Construction des Galeres modernes, ne m'a pas laissé la liberté d'imaginer un Gabary aussi imparfait que l'étoit celuy de la Galere de Philopator : j'avouë qu'en cela un Sçavant denué de pratique a sur moy tout l'avantage des absurdes & fausses idées. Je suis même persuadé que le Gabary de la Galere de Philopator n'étoit pas à beaucoup près aussi parfait que je le supose : j'ay crû devoir & pouvoir le perfectionner, en observant toutefois avec exactitude toutes les proportions prescrites par les anciens. Il seroit d'ailleurs très-difficile d'imaginer un Gabary aussi grossier que l'étoient ceux de ces tems reculez, où l'Architecture navale étant pour ainsi dire dans l'enfance, se trouvoit encore bien éloignée de la perfection où nous la voyons aujourd'huy. Si l'on regarde ce Bâtiment d'une seule vûë, il paroîtra plus surprenant par sa grandeur & par le nombre de ses Rameurs, que par le tour & la bonté de sa forme. Les Constructeurs n'avoient pas l'experience des modernes, & ceux-cy ne l'ont acquise que peu à peu, après un très-grand nombre de siecles. J'ose même presumer que le Gabary de cette Galere n'étoit pas si agreable à l'œil ni si bien proportionné, & je n'ay garde de prétendre qu'il soit en tout parfaitement conforme à l'Original. Je me suis principalement apliqué à construire un Bâtiment sur les précises proportions d'Athenée, à y placer les Rames & les Rameurs de maniere qu'on puisse expliquer clairement tous les Passages des anciens où il est parlé des *Triremes.* Il m'a parû que c'étoit assez de donner une methode qu'on pût concilier avec leurs autorités, quoyque je sois convaincu que la plû-part des Auteurs anciens n'étoient pas mieux instruits de la Construction & de la Navigation des *Triremes*, que le sont les modernes de celles de nos Galeres. Il me suffit d'avoir démontré qu'en suivant les proportions d'Athenée, il est impossible de construire un Bâtiment propre à naviguer, qui ait eu une autre forme que celle que je luy donne, ni dans lequel les Rames ayent pû être placées en un autre situation ; d'où l'on pourra conclurre que les trois Ordres des *Thranites*, *Zygites* & *Thalamites* étoient necessairement disposés sur la longueur d'une *Trireme*, & qu'il faut entendre par *ordinum* & par *Remigum gradus*, des rangs & degrez de Rameurs, & non pas des ordres de Rames.

On voit d'ailleurs qu'on peut facilement construire un tel Bâtiment, qu'il feroit très-propre à la Navigation; qualités qu'on ne trouve en aucun des autres Syftemes : on ne voit rien dans le mien qui ne foit praticable, & qui ne convienne à la Conftruction ancienne & moderne. On y trouve quarante Files de cent Rameurs chacune, placées fur toute la longueur du Bâtiment, & 40. Rameurs fur toute fa largeur, qui établiffant cent rangs de 40. ordres ou degrez chacun en particulier, ont donné lieu de dire *quadraginta ordinum Navem Philopator conftruxit*. Les 40. Files fur toute fa longueur de cent hommes chacune exigent le nombre de quatre mille Rameurs dont cette Galere étoit armée.

On y voit auffi que les *Thranites* font à Poupe les plus élevez; les *Zygites* au milieu dans l'endroit le plus bas du Vaiffeau; les *Thalamites* à Proüe dans l'ordre inferieur des Rames. *Ordo fuperior*; *ordo medius*; *ordo inferior*. On peut encore dire que les Rameurs fe levent & s'élevent enfemble en trois ordres: *furgunt & confurgunt triplici ordine*; d'où l'on pourra juger fi le R. P. de la Maugeraye a eu raifon de dire *que les Auteurs pris dans leur fens naturel doivent s'entendre de rangs de Rameurs elevés les uns au deffus des autres*, & que *c'eft dans ce fens là qu'ont parlé Vegece*, *Lucain*, *Paufanias*, *Florus*, *Virgile*, *&c.*

Il n'y a point de contradiction dans ma methode ni dans mes proportions, au lieu qu'en fupofant les ordres élevez perpendiculairement l'un au deffus de l'autre, non-feulement on ne pourra jamais l'executer, mais on tombera dans des difficultez infurmontables; car peut-on rien penfer de plus abfurde que de vouloir qu'un feul homme manie une Rame de 57. pieds de longueur, comme l'a prétendu le grand Scaliger? Le parti que les Auteurs des trois nouveaux Syftemes ont pris depuis peu, n'eft pas plus praticable, & celuy des Rampes en particulier eft le plus abfurde: inutilement a-t'on mis cinq hommes fur chaque Rame de la Galere de Philopator, on ne pourra jamais manier les plus élevées dans la fituation où on les fupofe. Cinq Rameurs mis aujourd'huy fur chaque Rame dans nos Galeres ordinaires, ont affez de peine à la manier, quoyqu'elle n'ait que 37. pieds de longueur, bien qu'on foit parvenu par une longue experience à la fituer d'une maniere la plus propre & la moins penible au maniement des Rames.

Je ne fçaurois concevoir comment un homme, pourvû de ce qu'on appelle fens commun, a ofé entreprendre de concilier la longueur d'une Rame de 57. pieds, avec l'élevation neceffaire à quarante ordres de Rames, élevez même en Echiquier les uns au deffus des autres; ni comment un feul homme a pû manier cette Rame. J'ay démontré dans ma Lettre Critique à M. le Bailly, que les Rampes ne font pas plus praticables ni moins chimeriques. Le Sçavant

Auteur de ce Syſteme a crû qu'ayant une profonde connoiſſance des Mathematiques, il pouvoit traiter geometriquement un ſujet, auquel la plus haute Geometrie ne ſçauroit mordre ſans le ſecours de la pratique. La methode de conſtruire des *Triremes* propres à naviguer, n'a été établie que par une très-groſſiere experience, & tous les Conſtructeurs de ſiecle en ſiecle ne l'ont portée au point où elle eſt aujourd'huy, que par la ſeule pratique: il falloit donc neceſſairement s'en inſtruire, pour pouvoir traiter geometriquement la Conſtruction des anciennes *Triremes*; le deffaut de pratique eſt un écuëil dangereux où tous les Sçavans ont fait de funeſtes naufrages, & contre lequel échoüeront toûjours ceux qui, dénués des connoiſſances pratiques de la Conſtruction & de la Navigation des Galeres, voudront écrire ſur les anciennes *Triremes*, auſſi bien que ſur les modernes.

Les Triangles Rectangles ſur leſquels l'Auteur du Syſteme des Rampes a prétendu les établir, ont aveuglé les Geometres; ceux-cy ont procuré à ce Syſteme l'aprobation des Sçavans denuez de pratique.

Les celebres Auteurs de la nouvelle Hiſtoire Romaine, dont il a déja parû huit Volumes, ont hautement adopté ce Syſteme, & luy ont donné la preference ſur ceux qui ont parû dans les Memoires de Trevoux en 1722. qu'ils ont rapportez fidellement & preſque mot à mot, s'étant bornez à faire de ces trois nouveaux Syſtemes un Ouvrage ſuivi, intitulé *Diſſertation Critique & Hiſtorique ſur les Galeres des anciens*: titre fort reſſemblant au premier que j'avois donné, il y a environ trente ans, à un Ouvrage compoſé ſur la même matiere, qui n'a point été imprimé quoyque j'en aye le Privilege; mais dont il a couru diverſes copies en manuſcrit, ſous le titre de *Diſſertation Critique & Hiſtorique ſur les divers ordres de Rames dans les Galeres des anciens.*

Comme il n'y a rien de nouveau dans la Diſſertation des Auteurs de l'Hiſtoire Romaine, je puis dire avoir refuté par avance dans ma Lettre Critique la plus grande partie de ce qu'elle contient, particulierement ſur le Syſteme favori des Rampes. Il faudroit faire un gros Ouvrage, ſi je voulois remarquer tout ce que j'ay trouvé de defectueux au ſujet des Galeres dans les huit Volumes de cette Hiſtoire, ce que ma ſanté & mes devoirs ne me permettent point; en attendant que l'occaſion ſoit plus favorable, j'oſe dire qu'il n'y a preſque rien, ſur cette matiere, dans toute cette Hiſtoire qui ne ſoit reprehenſible; ſoit dans les termes; ſoit dans les expreſſions; ſoit dans la Conſtruction des *Triremes* & dans la maniere d'y placer les Rames; ſoit en tout ce qui regarde les évolutions navales & les Combats des Galeres anciennes ou modernes: je n'excepte pas ce qu'on a rapporté dans les Notes ſur l'autorité de Polybe & ſur celles de quelques autres Hiſtoriens anciens, qui n'étoient pas mieux inſtruits de de la Conſtruction, de la Navigation & des Combats des *Triremes*, que le ſont les modernes de celles de nos Galeres.

Il ne faut pas croire que la Coupe d'une *Quinquereme* qu'on donne dans cette Hiſtoire, non plus que les Figures des *Triremes*, ſoient tirées de quelques Monumens antiques : les Auteurs de cette Hiſtoire les ont copiées trait pour trait d'après celles qui ont été imaginées par *Jean Scheffer*, qu'on peut voir dans ſon Livre *de Militiâ navali veterum*, imprimé à Ubſal 1654. Scheffer a traité ſçavamment cette matiere ſans la bien connoître, faute de pratique : ſa ſeule Coupe d'une *Quinquereme* peut ſervir à démontrer ſans replique l'abſurdité de cette Conſtruction, auſſi impraticable que celle des Rampes.

Il n'y a donc rien de nouveau dans toute la Diſſertation des Auteurs de l'Hiſtoire Romaine que la Figure du *Corbeau*, qu'ils ont ajoûté à une des *Triremes* de Scheffer, dont Polybe a donné la Deſcription : les Auteurs de cette Hiſtoire ont crû, ſur le témoignage de cet Hiſtorien, que le Corbeau avoit beaucoup contribué à procurer la victoire aux Romains, quoyqu'il ſoit certain, comme je l'ay dit ailleurs, que cette machine contribua moins à faire perdre la Bataille navale aux Carthaginois, que le mépris qu'ils firent de leurs ennemis qu'ils attaquerent ſans ordre, & ſans attendre l'union de leur Flote.

Cette Diſſertation eſt enfin terminée par deux traits qu'on ne peut revendiquer aux Auteurs de l'Hiſtoire Romaine. Le premier regarde *les Marins de Profeſſion*; le ſecond eſt un court, mais magnifique élogé du Syſteme des Rampes.

Premier trait. *Les jugemens des Marins ne peuvent former un prejugé raiſonnable* (contre le Syſteme des Rampes) parce que *leurs lumieres ne paſſant point la Sphere des derniers tems, ne ſuffiſent pas pour décider ſur les uſages de l'Antiquité.*

Second trait. *Nous nous faiſons un devoir d'avertir qu'on eſt redevable au P. de la Maugeraye Jeſuite, de tout le fonds d'un Syſteme ſi bien cimenté dans toutes ſes parties, & aprofondi avec cet eſprit de diſcuſſion, qui eſt le plus riche preſent de la Geometrie.*

Cet éloge magnifique produit par le deffaut de connoiſſances pratiques, ne ſçauroit convenir à un Syſteme que les gens de la Profeſſion regardent tous comme le plus chimerique de ceux qui ont parû juſques à preſent; il ne peut donc ſervir qu'à prouver deux points. Le premier démontre combien la pratique des Arts de conſtruire & de naviguer eſt neceſſaire aux Sçavans même du premier ordre : le ſecond, que les Auteurs de l'Hiſtoire Romaine *ne ſe ſont pas contentés*, ainſi qu'ils le diſent dans leur Diſſertation, *de rapporter les raiſons pour & contre, ſans prendre parti dans une affai-*

P

re *aussi litigieuse* : *Nous en abandonnons*, ajoûtent-ils, *la décision à l'équité & au discernement du Lecteur.* J'abandonne aujourd'huy à ce même Lecteur le jugement de leur Dissertation, aussi bien que celuy de mes remarques.

Je suis plus surpris de la décision du R. P. Catrou touchant *les lumieres des Marins*, que je ne le serois de tout autre, parce que dans un voyage que ce Jesuite fit il y a quelque tems à Marseille, je luy communiquay quelques remarques critiques sur sa Traduction de Virgile, qui luy démontrerent avec tant d'évidence qu'il n'avoit pas compris le Latin de ce Poëte touchant le Combat des quatre Galeres dont il est fait mention dans le cinquiéme Livre de l'Eneïde, & le R. P. Catrou en fut si satisfait, qu'il me pria de luy en donner copie, afin de se corriger dans une nouvelle Edition.

Ce seul fait auroit dû, ce me semble, luy faire comprendre que les connoissances des Marins étant necessaires pour bien expliquer le Latin des anciens, *leurs lumieres passent la Sphere des derniers tems* dans tout ce qui regarde leur Profession ; matiere incomprehensible aux Sçavans les plus celebres, soit anciens soit modernes, sur laquelle les uns & les autres ont tous fait de funestes naufrages.

DE BARRAS DE LA PENNE.

APROBATION.

J'AY lû par ordre de Monseigneur le Garde des Sceaux un Manuscrit intitulé *Lettre Critique de Mr. de Barras de la Penne, &c.* au sujet d'un Livre intitulé *Nouvelles Découvertes sur la Guerre, &c.* & j'ay crû qu'on pouvoit en permettre l'Impression.

A Versailles le 25. Aoust 1726.

Signé, HARDION.

EXTRAIT DU PRIVILEGE DU ROY.

LOUIS, PAR LA GRACE DE DIEU, ROY DE FRANCE ET DE NAVARRE : A nos amez & feaux Conseillers, les Gens tenant nos Cours de Parlement, Maîtres des Requêtes de nôtre Hôtel, Grand Conseil, Prevôts de Paris, Baillys, Senêchaux, leurs Lieutenans Civils & autres nos Justiciers qu'il appartiendra, SALUT. Nôtre bien amé le Sr. DE BARRAS DE LA PENNE, Premier Chef d'Escadre de nos Galeres, Nous ayant fait remontrer qu'il souhaiteroit faire imprimer & donner au Public une *Lettre Critique dudit Sr. de Barras de la Penne au sujet du Livre intitulé Nouvelles Découvertes de la Guerre*, s'il Nous plaisoit luy accorder nos Lettres de Privilege sur ce necessaires, offrant pour cet effet de le faire imprimer en bon Papier & en beaux Caracteres, suivant la feüille imprimée & attachée pour modelle sous le Contre-Scel des Presentes : A CES CAUSES, voulant favorablement traiter l'Exposant, Nous luy avons permis & permettons par ces Presentes de faire imprimer ledit Livre cy-dessus specifié en un ou plusieurs Volumes, conjointement ou separement, & autant de fois que bon luy semblera, sur Papier & Caracteres conformes à ladite feüille imprimée & attachée sous nôtredit Contre-Scel, & de le vendre, faire vendre & debiter par tout nôtre Royaume pendant le tems de dix années consecutives, à compter du jour de la datte desdites Presentes. Faisons défenses à toutes sortes de personnes, de quelque qualité & condition qu'elles soient, d'en introduire d'impression étrangere dans aucun lieu de nôtre obeïssance, comme aussi à tous nos Imprimeurs, Libraires & autres d'imprimer, vendre, faire vendre, debiter ni contrefaire ledit Livre en tout ni en partie, ni d'en faire aucuns extraits sous quelque pretexte que ce soit d'augmentation, correction, changement de Titre ou autrement, sans la permission expresse & par écrit dudit Exposant ou de ceux qui auront droit de luy, à peine de confiscation des Exemplaires contrefaits, de quinze cens livres d'amende contre chacun des contrevenans, dont un tiers à Nous, un tiers à l'Hôtel-Dieu de Paris, l'autre tiers audit Exposant, & de tous dépens, dommages & interêts ; à la charge que ces Presentes seront enregistrées tout au long sur le Registre de la Communauté des Libraires & Imprimeurs de Paris dans trois mois de la datte d'icelles ; que l'Impression de ce Livre sera faite dans nôtre Royaume & non ailleurs ; & que l'Impetrant se conformera aux Reglemens de la Librairie, & notamment à celuy du 10. Avril 1725. & qu'avant que l'exposer en vente, le Manuscrit ou Imprimé qui aura servi de copie à l'Impression dudit Livre, sera remis au même état où l'Aprobation y aura été donnée, ès mains de nôtre très-cher & feal Chevalier, Garde des Sceaux de France, le Sieur Fleuriau d'Armenonville, Commandeur de nos Ordres, & qu'il en sera ensuite remis deux Exemplaires dans nôtre Bibliotheque publique, un dans celle de nôtre Château du Louvre, & un dans celle de nôtredit très-cher & feal Chevalier, Garde des Sceaux de France, le Sieur Fleuriau d'Armenonville, Commandeur de nos Ordres, le tout à peine de nullité des Presentes : du contenu desquelles vous Mandons & Enjoignons de faire joüir l'Exposant, ou ses ayant cause, pleinement & paisiblement sans souffrir qu'il leur soit fait aucun trouble ou empêchement. Voulons que la Copie desdites Presentes, qui sera imprimée tout au long au commencement ou à la fin dudit Livre, soit tenuë pour dûëment signifiée, & qu'aux Copies collationnées par l'un de nos amez & feaux Conseillers-Secretaires, foy soit ajoûtée comme à l'Original. Commandons au premier nôtre Huissier ou Sergent de faire pour l'execution d'icelles tous Actes requis & necessaires, sans demander autre permission, & nonobstant Clameur de Haro, Charte Normande & Lettres à ce contraires: CAR TEL EST NÔTRE PLAISIR. Donné à Paris le treiziéme jour du mois de Fevrier l'an de Grace mil sept cens vingt-sept, & de nôtre Regne le douziéme. Par le Roy en son Conseil.

Signé, CARPOT.

Registré sur le Registre sixiéme de la Chambre Royale & Syndicale de la Librairie & Imprimerie de Paris N°. 374. f°. 359. conformement au Reglement de 1723. qui fait défenses Article IV. à toutes personnes de quelque qualité qu'elles soient, autres que les Libraires & Imprimeurs, de vendre, debiter & faire afficher aucuns Livres pour les vendre en leurs noms, soit qu'ils s'en disent les Auteurs ou autrement; & à la charge de fournir les Exemplaires prescrits par l'Article CVIII. du même Reglement. A Paris le vingt Fevrier 1727.

Enregistré ès Registres des Lettres Royaux du Greffe Civil de la Cour du Parlement de ce Pays de Provence, ensuite de l'Arrêt rendu par icelle du 12. Mars 1727.

Signé, ROCHE.

J'ay cedé le present Privilege à Mr. Carry, Pere, Marchand Libraire à Marseille, suivant l'accord fait entre nous. A Marseille le 20. Mars 1727.

Signé, DE BARRAS DE LA PENNE.

Coupe de l'or[…] des Thalamites.

5 du premier livre d[…]

G
X
I
RIOR
O
L
L
L
M
F
S T OR
RIOR V
X

D
F
M
B
L
L
L
H

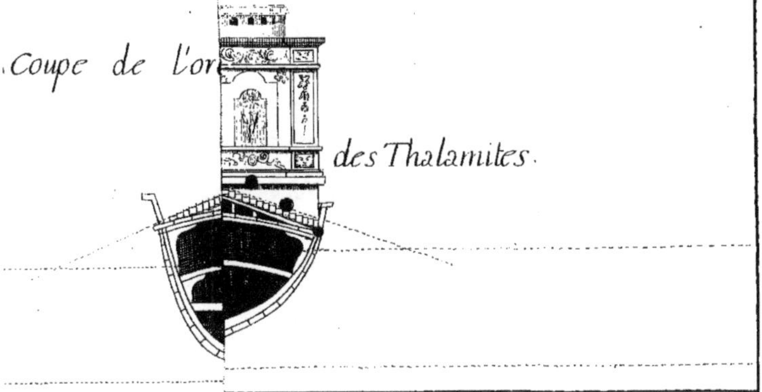

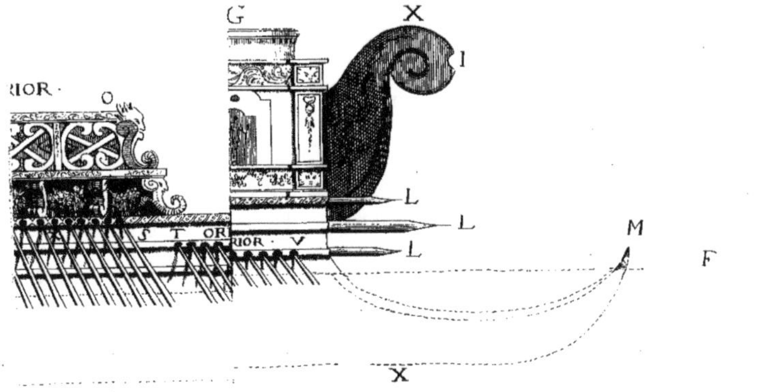

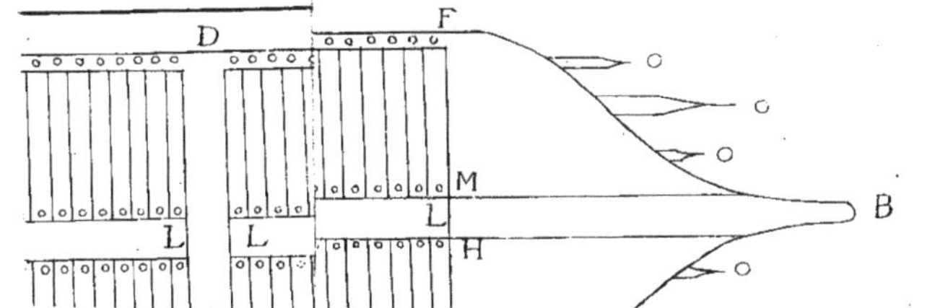

AB Planche 3

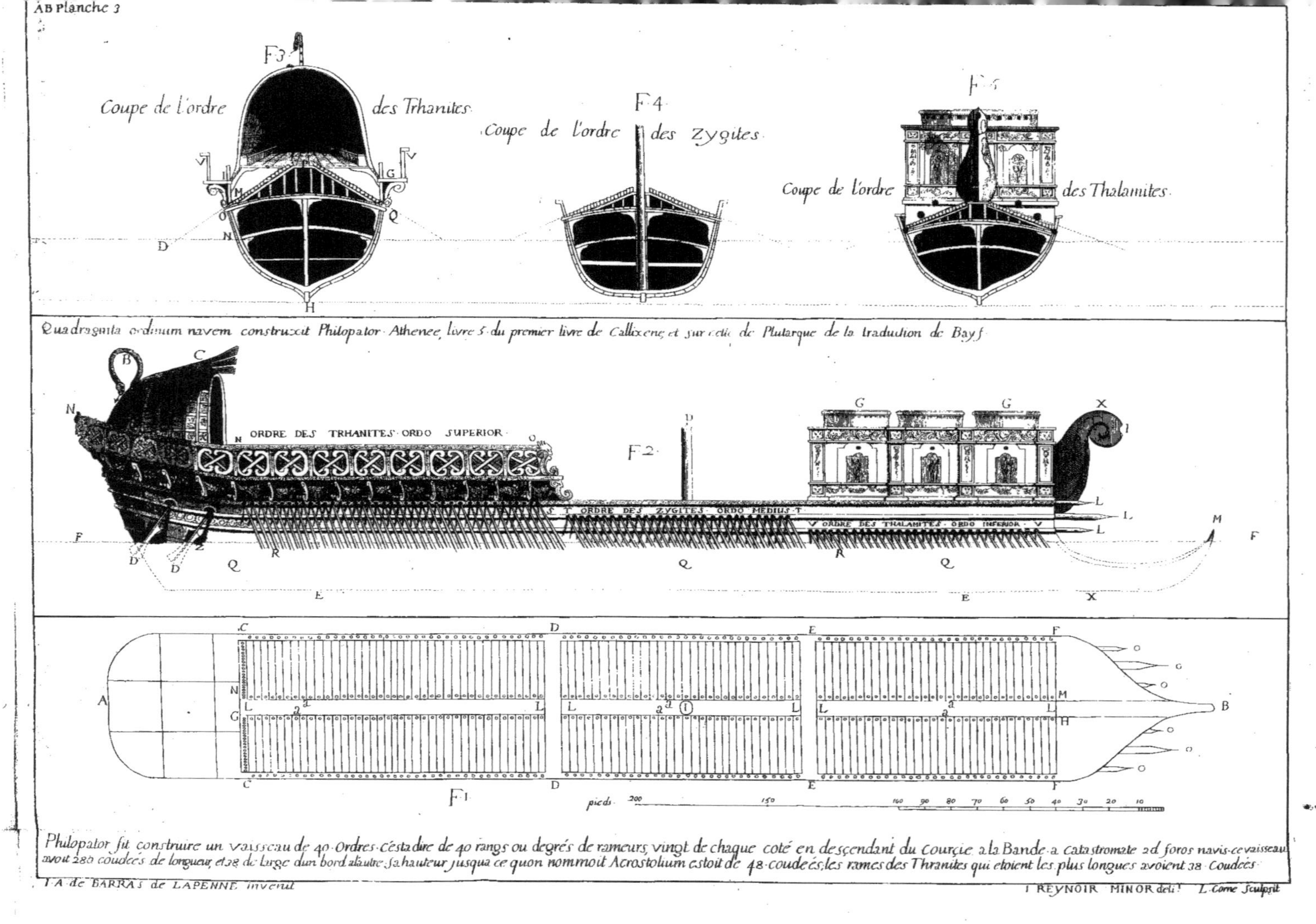

Philopator fit construire un vaisseau de 40 Ordres c'est a dire de 40 rangs ou degrés de rameurs, vingt de chaque coté en descendant du Courcie a la Bande a Catastromate 2d foros navis ce vaisseau avoit 280 coudées de longueur, et 38 de large d'un bord a l'autre, sa hauteur jusqu'a ce qu'on nommoit Acrostolium estoit de 48 coudées, les rames des Thranites qui etoient les plus longues avoient 38 Coudées

I A de BARRAS de LAPENNE invenit

I REYNOIR MINOR delin. L. Come Sculpsit

www.ingramcontent.com/pod-product-compliance
Ingram Content Group UK Ltd.
Pitfield, Milton Keynes, MK11 3LW, UK
UKHW020341250726
13967UKWH00005B/2067

9 782012 859395